LOCUS

LOCUS

LOCUS

LOCUS

你能懂——
生命複製

吳宗正・何文榮／著

明日工作室

侯吉諒
蘇意茹
劉叔慧
侯延卿
莊琬華

聯合製作

tomorrow 03
溫世仁 蔡志忠 監製
你能懂——生命複製

吳宗正．何文榮／著
繪圖：黃伊可
流程控制：蘇意茹
製作：明日工作室

法律顧問：全理律師事務所董安丹律師
出版者：大塊文化出版股份有限公司
台北市105南京東路四段25號11樓
讀者服務專線：080-006689
TEL：(02) 87123898　FAX：(02) 87123897
郵撥帳號：18955675　戶名：大塊文化出版股份有限公司
e-mail:locus@locus.com.tw

行政院新聞局局版北市業字第706號

總經銷：北城圖書有限公司
地址：台北縣三重市大智路139號
TEL：(02) 9818089 (代表號)
FAX：(02) 9883028 9813049

初版一刷：1998年9月
初版 4 刷：2000年12月
定價：新台幣150元
ISBN 957-8468-57-1
Printed in Taiwan

明明德　日日新

明日工作室宣言

歷史的演變和進動，人，是最大的因素。任何創造或毀滅，成功或失敗，都源自於人和人的行爲。挑戰自己的極限，朝更美好的未來邁進是人類的天性。

試圖擺脫自己個人狹隘的自我、血統、地域的觀念囚牢，而令自己能自由地通行於時空之中不爲其所困囿，打造出更美好的明天和未來，相信這是所有人類共同的期望，而這也就是我們成立明日工作室的原因。明日工作室集合了很多優秀的人才，成立了專業寫書、著作的團體。期望能寫出一些對人類的未來和理想有益的書。

明日，有兩種意思。

一個就是明天TOMORROW，未來的理想、目標像似很遙遠……而明日，就比較眞實，人人都能比較清楚的掌握。我們要打造美好的明天，今天就應該開始做。

明日的另外一個意思是『明明德、日日新。』

明明德，就是知道過去、未來；知道倫理、文化和世間的規則；知道理想、目標。善用過去原本具有的知識、智慧等人類的共同資產，並遵循久遠以來的道德規範。

日日新，就是每天除去一些過去的錯誤觀念與缺點，每天學得新知識、技能，使自己慢慢朝向更完善的境界更接近一點點，向更美好的光明未來進化、躍昇。

就像三百多年前牛頓曾說：『我會有少許成就，是因爲我正踩在巨人的肩膀上。』過去人類所積累的知識和無數的智慧結晶，是人類的共同資產，也是牛頓所說的巨大的肩膀。明明德就是有效的運用巨人的肩膀，並遵奉過去所傳承下來的良好道德規範。日日新就是日復一日永續地朝向更美好的明日邁進，以上是我們成立明日工作室的理想，也是我們寫作出書的方針，歡迎有志一同的人加入明日工作室，來和我們一起共同「打造美好的明日」。

明日工作室

專業寫作公司

創辦人　溫世仁

總經理　蔡志忠

副總經理　侯吉諒

資深主編　何文榮

主　編　劉叔慧

編　輯　侯延卿

助理編輯　莊琬華

助理秘書　李雨澄

電話：02-25703668

傳真：02-25790449

郵政信箱：台北郵政036-00403號信箱

E-mail：futurism@m2.dj.net.tw

【序1】

打開另一扇窗

牟宗燦（東華大學校長）

自從複製羊「桃莉」誕生以來，「生命複製」或「複製生命」這個原本只屬於科學家實驗室領域的話題，突然之間成爲舉世矚目的焦點，大家的好奇不外兩點：生命如何複製？複製生命的技術對人類的未來又有什麼樣的影響？

到現在爲止，我個人相信，一般人，包括還未看過本書的讀者在內，可能都認爲「生命複製」這麼艱辛、玄奧的科學和我們沒有什麼關係，社會上關於生命複製的討論雖然多，但也大都集中在「可不可以複製人類的生命」這種道德層面的議題上。

吳宗正博士的這本《你能懂——生命複製》爲我們打開一道窗口，讓所有的讀者，都可以輕易的了解生命複製是怎麼一回事，包括生命的原理、生命複製的方法，以及可能大家都沒有想到的，從生命複製這個技術所發展的科學，如何在不久的將來，對於人類的生活產生極爲劇烈而根本的影響。

「生命」的本質，一直是千百年來人類最想要解開的謎題，生命本身，可以說是所有宗教、哲學和醫學最終極的關懷，然而，限於科技的不足，以往我們對生命的了解，都只能從形而上的領域去體會，究竟什麼是生命，生命來自何處，生命如何生、如何死，從來都不曾有過確實的答案。

《你能懂——生命複製》這本書，則在探討複製生命的技術的發展歷史與相關課題中，一併從科學的、可實證的觀點，爲我們解答生命的本質問題，更重要的，是生命複製這個技術，並不侷限於複製一隻羊、一隻牛或一個人這樣的能力上，對全人類來說，複製生命發展出來的，是了解生命密碼（基因）運作的奧秘（人類基因解讀計畫），進而控制基因，克服人類千百年來許多無法克服的疾病與生理極限，而這樣的事情，不是「即將發生」，而是「已經」發生。

人類生命「生老病死」的循環也許依然存在，但在生命複製技術的發展下，它必然會有不同的面貌。宗教家說，創造生命是上帝的權利，人類不可以僭越，狂妄的以為自己可以創造生命。從吳宗正博士的《你能懂——生命複製》這本書中，我們可以了解，許多生命被創造的時候都是有缺陷的，當人類被疾病所折磨的時候，當目前的醫學在許多遺傳性疾病上束手無策的時候，人類卻可以藉由生命複製所發展出來的基因工程、基因複製、基因改造等技術，使每一個生命更健康、強壯和美好。對於人類這樣的努力，我想，上帝應該是不會生氣的。

吳宗正博士的學問非常紮實，教學生動活潑有趣，他本身也是一位傑出的研究發明人才，生物科技是他研究的老本行，是東華大學非常受學生愛戴的老師，他以多年的研究和教學經驗爲基礎寫這本書，對讀者來說，相信一定有所幫助。

【序2】

更深入探索生命的意義

李源德（台大醫院院長）

在長期與病患接觸的過程中，我經常感受到國人對於專門知識的迫切渴望及需求。一般的醫學常識或許還可以尋求到比較多的管道得到幫助，但是對於新的科學技術可就沒有這般容易。近來經常有人問起我，對於複製人等等問題的看法，更令我感到新科技的日新月異，推動著人們求知的慾望，另一方面也感受到原本在實驗室裡的高科技產品，已不斷轉進我們的日常生活，讓人不得不認真地去探討新知。

特別是在複製羊桃莉誕生之後，複製人類的技術也呼之欲出，這種可以登上普羅新聞刊物，甚至電視公司耗資拍攝整個技術的介紹影片的生物科技，恐怕人們很難深入其中的堂奧。雖然大部分的人都非常想要了解，但是可能就因爲這些生物技術牽涉到專門的科學領域，而感到在求知上的挫折，不得其門而入。

有關複製生命，不管是醫生或是生物學的教授等等，也會有很大的動機想要了解。畢竟這些人雖然在學習的領域上有某些相關性，但是對於生命複製的詳細內容，他們所知也畢竟有限。一般人事實上也沒有多少精力去查閱所有的報導或是專門的文獻資料，所以如有一本在二個小時內可以看完的通俗新知書本，就成爲最佳的參考資料。

國內在專門研究方面的人材非常多，了解生命複製的人自然也不在少數，但是能夠從學術的象牙塔中探出頭來，並且願意且有能力將困難的高科技知識與一般人分享的人才卻不多。另，在國內關於科普方面的書籍，一直都仰賴國外的翻譯書，實在無法滿足國人的需求，也造成一種假象，似乎國內的確沒有人能夠了解，也沒有相關的研究及人才可以與外國相比。

事實不然，《你能懂——生命複製》作者吳宗正博士為一有理論與實務經驗的生物科技專家，潛心研究，學識淵博，從學術象牙塔站出來，願意付出時間及精力，投注大眾教育，灌溉貧瘠高科技智識的腦田，《你能懂——生命複製》適合一般大眾閱讀，言簡意賅。由於吳博士跳脫出高科技艱深專門術語的窠臼，教學經驗豐富，使得他能夠從一般國中生或是高中生就能夠理解的細胞及基因構造的基本知識出發，完整地將複製羊桃莉誕生的過程，乃至基因工程在生物科技上所造成的突破加以詳細說明。一方面具有豐富的知性，另一方面，對於生命複製所引發的人類生活的改變，有許多饒富感性及趣味的啓發性討論。不僅對於一般大眾而言是平易可讀的《你能懂——生命複製》祕笈，即使對於醫學院的學生們而言，也是非常不錯的課外補充教材。我個人也在這本書中感受了新的生命複製科技對於醫學所造成的強烈衝擊。

過去我們總以為生命只有一次機會，所以醫生被賦予很大的使命，去和上帝抗爭，試圖要延遲生命的結束，站在天堂的門口與地獄的入口，看到生命只有一次機會的無比撼動。但是在生命複製的技術發展下，人們的身體不再有天年的限制，可以不斷地改變及延長，這似乎是另一個關注生命的角度。

在醫學院的課程當中，近年來有關醫學倫理的相關課程不斷增加，也意味著未來醫生的角色已不再只是治療者，而是要在使用這些改變自然法則的技術中，找到一種讓人們的生命獲得最大利益的原則。對此，我也要對吳博士在這本書中，對於非科技相關領域的倫理及法律等問題的探討感到慶幸。因爲有太多的科學家，專注於科技的不斷發展，而忽略了背後對人類及對世界的大愛，結果使得科技成爲傷人的武器，而非有用的工具，殊爲可惜。吳博士的討論也提醒我們在享受科技成果的同時，也必須不斷地更深入探索生命的意義。

【序3】

生物科技不再只是「名詞」而已

許顯榮（太子集團總經理）

值此政府大力推展生物科技之際，生物科技已被渲染爲繼半導體產業後，下一波跨世紀明星產業，儼然成爲延續台灣經濟成長與命脈的導向型高科技。然而，大多數跟我一樣的產業從事人員，捫心自問，我們對整個生技產業的理解只是零碎的，甚至可說幾乎是空白的。「海市蜃樓」至少還有個具體的幻影存在，但生物科技卻還只是停留在這四個字所組成的「名詞」而已。

生技產業要落實，要生根發展，絕對必須要讓台灣的企業領導人員、潛力投資者，有系統而組織完整的知識，在沒有鴻溝且得到遠景的前提下，才有可能投入參與。然而，我們的科學家以及學者教授們，似乎仍習於隱身在象牙塔內，彼此使用高深莫測的專業術語在溝通，各自竭力於陶然自得的學術研究。我們既沒有共同語言可與之溝通，也沒有太多機會參與瞭解。對照起政府的大力推動，彷彿有點像政府一頭熱，但多數企業人的反應卻是冰冷異常。個人認爲這絕對不是發展產業的好現象。

有幸得先拜讀《你能懂——生命複製》一書，對本土高等教育倍加產生信心，我們也可以培育出一流的頂尖科學家，更難能可貴的是，透過吳博士妙趣橫生的筆調，把艱澀難懂的「生命科學」、「生物技術」、「基因工程」等高科技，襯上我們自己的環境背景，變成你我都能輕易看懂、激盪迴響、細讀再三的高科技科普讀物。對照起市面上充斥的生澀的相關翻譯書籍，本書的出版，不啻是國人的榮譽與驕傲。

目錄

第十二章：問題與終極挑戰 163

自序

吳宗正

對所有生物有機體而言，生命只有一次機會。而「複製」是以人爲的力量，刻意的運用現代科學技術來「拷貝」成另一份攜帶相同遺傳資訊的生命。晚近生物學的發展與新工具不斷地推陳出新，使得生物學家希望能藉此找出科學上「生命的証據」。生物學上對「生命現象」的認知爲：凡是具營養、代謝、生長、生殖、運動、感應、體制者就是生命現象，但生命現象終究只是描述外在生命表象而已。

今年四月初，我曾經以「舉例說明『生命力』與『生命現象』的不同在那裡？」爲題，口試推薦申請生命科學系的考生，發現幾十位考生中，居然只有少數幾位勉強作答，令我深感訝異，加強我寫這一本書的動機，希望能從轉化知識爲智慧的目標出發，從各種不同角度來探究問題，洞悉涵義，並提出有意義的解決之道。

近一年來，有關「生命」方面的訊息，持續不斷地匯入我們的思維與生活中，先是發生在英國的狂牛症，其次是發生在國內的口蹄疫，再來是複製羊「桃莉」的誕生，這種「無性生殖」的成功，讓人立刻聯想到複製人的可行性，甚至已不是可能不可能的問題，而是已經面臨做不做的抉擇了。而其引發的後續有關的道德、倫理、與法律規範問題，更是如波濤洶湧般，激起大家的警覺。另外，冷凍人的問題，代理孕母的問題，加上重大刑案、華航空難所牽涉的DNA鑑定問題，這一連串事件接踵發生，媒體的推波助瀾，彷彿接下來就是生物科技的世紀，也就是說「基因的世紀」就在我們跟前。然而我們捫心自問，我們對基因、對生命，究竟瞭解多少？我們有足夠的共同語言和知識來參與對話嗎？

在這千禧年世紀之交，我們都將面對第三波生物科技革命，我們逐漸感受到一些片段的、生疏的生物科技資訊，不斷地在我們眼前閃過，甚或無影無蹤地涉入我們的生活。政府也信誓旦旦地計畫強力開發，明列為建設台灣為二十一世紀科技島的磐基之一。

然而，我們的通識科學教育並未普及，大多數人仍然對充滿玄機的生命科學有關知識一知半解。生物科技似乎還只是停留在專家學者的學術語言，它離我們的知識背景還是那麼的遙遠。其中癥結就是沒有人或機構，嘗試把它有系統地轉變成大家都能理解與參與溝通對話的普通常識。

本書將以輕鬆愉快，簡單易懂的方式，逐步引導讀者認識「生命」，尤其是百分之九十五以上未受過生命科學洗禮的國人，更需要補充這方面的知識。於是，我們才能在即將來臨，且肯定會涉入我們未來生活，甚或如影隨形地影響我們一生的「基因世紀」，具備與生命科學家互通的共同語言，進一步參與對話及討論，並擁有足夠的知識來做正確的價值判斷。

第一章

跟著桃莉走，生命有看頭

複製羊的技術原理說來簡單，就是細胞核的置換而已，然而，置換了細胞核後，會發生什麼事？為什麼桃莉的生命會從那個被置換過的細胞核裡成長？科學家們一定知道了一些道理，掌握了一些方法後，才敢這麼複製羊，那麼，科學家到底知道什麼東西呢？或者說，我們是不是也應該知道科學家知道的那些東西呢？

跟著桃莉走，生命有看頭

距離現在大約三百年前的十七世紀末，在法國巴黎的一個死囚監獄中，住著一位手釦腳鏈、頭部還被特製的鐵面具封起來的囚犯。沒有人知道他長得如何，只看得到他的眼睛在面罩後頭咕嚕嚕的轉動；也沒有人知道他是誰，只知道他叫鐵面人。

鐵面人會被囚禁在地牢裡，是因爲他有一副和法皇路易十四一模一樣的臉孔和身材。

鐵面人的故事後來在廿世紀末出了名，因爲被拍成電影搬上螢幕，而且是由英俊小生李奧納多演出。

電影《鐵面人》的故事，其實是根據野史上的傳說拍攝而成的，可是電影吸引人的除了故事情節外，李奧納多分飾兩角更是重點所在——他要演出路易十四和鐵面人，因爲路易十四和鐵面人是雙胞胎。

電影裡的路易十四非常壞，把自己的雙胞胎弟弟用面具罩起來、關到地牢也就罷了，還要把相關知情者通通殺掉，因爲他怕——怕和自己長得一模一樣、而且還流著同樣血液的鐵面人，謀奪自己的皇位。

法皇路易十四大概永遠也想不透：爲什麼有人和他長得一樣，還有同樣的血統呢？其實答案很簡單：因爲路易十四和鐵面人是由同一個受精卵分裂而成的雙胞胎。

一九九七年二月，差不多是發生鐵面人故事的三百年後，英國蘇格蘭地區一群基因工程專家，以一隻成羊的乳腺細胞，製造出人類有史以來第一隻複製羊「桃莉」，震驚了全世界。

如果，路易十四多活三百年，看到他的對門敵人——英國，搞出了複製羊桃莉，他會有怎樣的感覺呢？

「完了！如果他們也能複製人，那我豈不是皇位不保！隨隨便便就可以搞出個跟我一樣的路易十四，那我要準備多少鐵面具才夠用呢？」

或是，他會這樣想：「太好了，我路易十四可以當個萬年皇帝了，要複製多少個路易十四都沒問題，一個去戰場指揮、一個管財政、一個管內政、一個專門陪……而且，這些複製人可以一再生產，永遠永遠不會消失……感謝生命科技！阿門！」

我們當然沒辦法知道路易十四看到桃莉的感覺是如何，除非，我們找到路易十四的某個細胞，一樣的複製出一個路易十四，等他長大再來問問他。複製路易十四，你覺得可能嗎？

都是桃莉惹的禍？

也許沒有人有興趣複製路易十四，但如果是複製李奧納多，大概有不少小女生都想訂作一個「他」吧。

其實，當我們在玩電動玩具時，都會希望有「用」不完的「生命」，而不是只有遊戲上規定的三個。而複製羊桃莉的出現，是不是在預告著生命遊戲規則可能有改變的機會呢？

「複製」這個詞在英文報導上幾乎都使用「clone」，「clone」原是指不需靠交配而直接由母體分離繁殖的植物體。這種方式在農業上已經有相當久遠的歷史了，例如以插枝法、壓條法來獲得與親代完全相同遺傳物質的子株，就是clone的典型例子。

在植物上，這種技術我們一點都不陌生，只是這回clone用在很接近人類的高等動物——羊身上，從一個成羊的皮膚細胞竟然可以複製出一隻羊來，大家彷彿才從大夢中被驚醒，瞬間引起各種領域層面的關注與討論。因爲，下一步或許就是「人」了。

想想看，如果從你的一個皮膚細胞，就可以複製出與你有著完全相同遺傳基因的另一個「你」，而且這技術就在眼前，你的感覺怎麼樣？會不會有任何動機想要去了解一下，或者想要表示一下自己的意見？

目前基因工程的技術發展可謂一日千里，複製羊「桃莉」已誕生，複製牛、複製老鼠也相繼出現，甚至，在可預見的未來，「複製生命」中心將成爲潛力無窮的新興行業。當你在思念過逝的親人朋友時，不必再藉著靈媒的力量傳遞話語，或是半夜在鏡子前面點燃白色蠟燭，梳著頭髮，念著亡者的姓名，期待魂兮歸來，而是只要簡單的用逝者身上的任何一個細胞——一段頭髮、一條嬰孩時的臍帶、指甲、甚至是皮屑，就讓親人重生。

我們看得到這個幻想實現嗎？或是我們能再見路易十四嗎？

我們從桃莉的誕生、生命的出現過程來探討這些問題，也許能理解「生命複製」在未來的種種可能性。

複製羊「桃莉」是如何誕生的？

到底桃莉羊是如何被複製出來的呢？難道像複製文件一樣簡單？放入影印機，啓動機器就可以了？

科學家魏爾莫（Ian Wilmut）博士會說，沒那麼簡單。

魏爾莫接受英國蘇格蘭地區一家名爲PPL（Pharmaceutical Protein Ltd）藥用蛋白質有限公司支助，在愛丁堡的羅斯林研究所，與一群基因工程專家從事某項研究計畫。他們原先的目的，是想用羊奶來製藥，期望能將攜帶有特殊藥物的基因轉殖到羊體內，使牠們分泌的乳汁中，能摻有藥效的成份；這便是所謂的「治療性奶粉」，能針對早產兒的發育、以及某些特殊疾病發揮強大作用。

後來科學家又發現，複製羊如果實驗成功，他們將擁有一個生生不息「活的製藥廠」，這令大夥興奮不已！

這群科學家們使用的方法，是先把一隻母羊的未受精卵母細胞取出，用極細的玻璃針管把細胞核吸出，使這個卵子成為不帶任何基因的無核卵母細胞；通常在這種情況下，卵子很快就會死亡，除非它能再度得到一個細胞核。接著，自一頭泌乳量高且品質良好的雌羊體內取出乳腺細胞核，並將它們與前述無核卵母細胞放置在一起，通上短暫電流，使卵母細胞和乳腺細胞打開一個暫時性的孔洞，而讓乳腺細胞的染色體，可以融合進入卵子中。

融合成功後，這個卵子便具有細胞核了，但它其實是來自於乳腺細胞。另外經由電流的刺激，讓卵子誤以為它已經受精了，而開始啟動生命機制，分裂成胚胎；接著再把胚胎移植到另一隻「代理孕母」的母羊子宮內，讓其繼續孕

育到自然生產。（如圖一）

圖一：複製羊桃莉的誕生過程

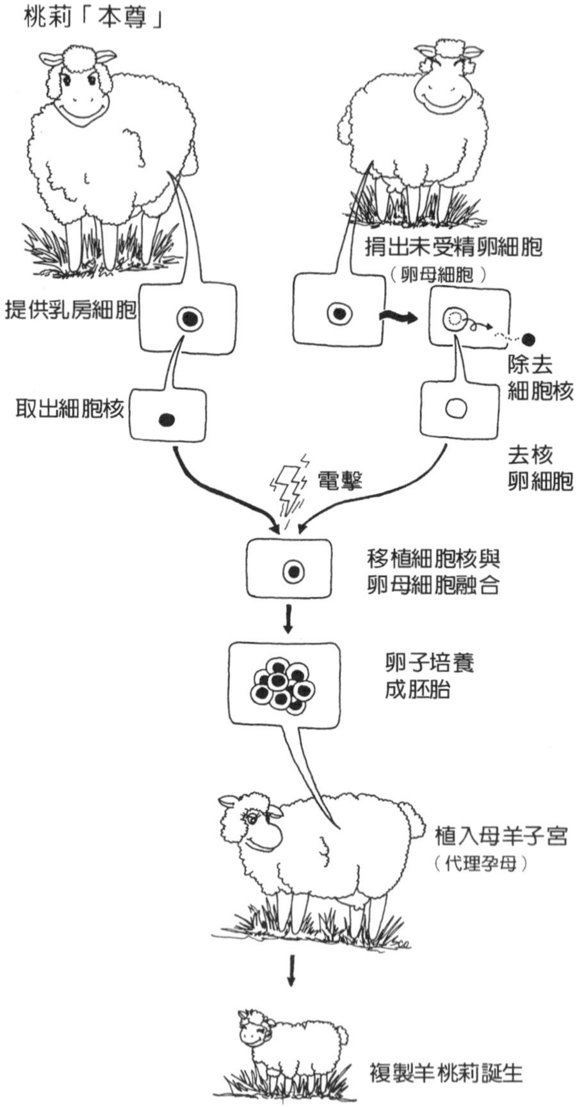

複製羊的成功，象徵著高等動物「無性生殖」的成功。從此高等動物也可以有機會類似植物一樣取一截枝條，扦插長成另一棵樹，或取一些植物細胞利用組織培養方法，育出大量同樣遺傳性質的後代植株，不必由親代經過「有性生殖」，靠生殖細胞的精子、卵子來合併完事。全部過程，只需由任何一個體細胞的細胞核內的遺傳基因即可片面決定，而且複製出來的新生個體，無論外觀、形態、膚色以及基因組，與原細胞核的生命個體完全「相同」。

可以複製羊，能不能複製人？

若以複製羊的成功，和了解它所使用的技術，來對照目前已經頗爲成熟的「試管嬰兒」技術，我們實在找不出任何理由，說複製人類根本不可能成功；事實上，目前較大壓力倒是來自於道德上做與不做的問題，而不是技術上可不可能的問題。

想想看，試管嬰兒的做法是將卵子取出，讓受精的動作在試管內的環境「完事」，一旦成功受孕，則受精卵立刻開始分裂，大約只須二、三天的功夫，現成的、活生生的人類早期胚胎就在眼前；而取出細胞核的動作，雖然需要極大的細心、耐心與高超技術，但複製羊成功的事實已擺眼前，可見也不是什麼難事。

尋找能提供細胞核的來源，並沒有太大困難，甚至可能比找一個人，讓他答應被複製更簡單。另外，將胚胎放回母體的技術，試管嬰兒的做法早已證實完全可行，剩下的，只是願意或不願意去做的問題。也許某些團體、實驗室已經開始偷偷進行著，只是不願意甘冒大不韙，怕引起社會輿論、媒體的嚴厲譴責批評。

聖經上的複製人故事

人們總是以爲，創造生命是上帝的權利，只有「神」才有資格做這件事。難怪人們會有這樣的想法，因爲「生命」本身實在是太深奧了，關於生命的種種現象、功能等等，千百年來，一直是人們最想了解、而又最做不到的。

更何況，聖經中明明白白告訴我們，人是上帝創造的。聖經裡有一些有關生命複製的話題，第一則是亞當與夏娃的故事。上帝先創造了一個亞當，然後再從亞當的身上取一根肋骨製造了夏娃。然後才有今天的人類。

第二則故事則是耶穌基督誕生的模式，上帝以祂的旨意照祂的形象讓聖母瑪莉亞未婚懷孕。以上如果是眞實的話，那麼今天複製羊的成功，豈不是有關聖經上所記載的「上帝造人」已獲見證？

以現在的眼光來看，上帝依照祂的形象創造人類，再用類似人工受精的方式讓聖母瑪莉亞未婚懷孕，確實跟今天科學家「複製生命」的方法極端相似。然而上帝更高明，可以從雄性的亞當變成雌性的夏娃。亦即把人類有關性別第23對XY染色體變成XX染色體，這簡直已經是隨心所欲的基因改造工程了。我們的科學家，還得再經過一番努力，才有辦法達到上帝的功力。因爲上帝除了表演「無性生殖」外，尙含有改造基因操作的手法在裡面。

耶穌誕生的故事和今日我們見識到的複製科技較爲接近，聖母瑪莉亞好比是第一個「代理孕母」，她懷了上帝的基因組，生下了耶穌。對照今日我們人類複製出羊的科學成就，我們是不是難免有一種感慨，原來，在那麼早之前，

「上帝」的科技就已經如此高明了。

可能的問題

如果真的可以複製人，那麼這個社會會變成什麼樣呢？是更好？還是更壞？還是會像電影《鐵面人》裡的法皇路易十四般的焦慮呢？底下，我們以一些想像得到的問題來討論。

我們會有侏羅紀公園嗎？

很多人都看過《侏羅紀公園》這部影片，雖然恐龍復生只是一個科幻電影情節，但其所根據的理論，事實上並非全然不可能。電影描述科學家從一顆擁有八千五百萬年歷史的琥珀內，發現一隻曾叮咬過恐龍、且於胃內殘餘恐龍血液的蚊子化石，從中找到恐龍的基因組，運用現代生物科技，重新培育出一隻與當年一模一樣的恐龍出來。這對於當今存在於地球上的生物而言，簡直是惡夢一場！

然而跨越時間與空間，成功複製出遠古生物，給我們最大的啓示是：人類是否能找出已絕種的生物？或對即將瀕臨絕種的生物，抽絲剝繭尋找出一線生機？

從此沒有「絕種」問題？

雖然在不久的將來，人類可以憑藉「無性生殖」的複製科技來繁衍生命，但是在整個地球的演化過程中，一個物種會瀕臨滅絕或者根本已經絕種，實際上牽涉非常多的複雜因素。物種與物種之間、或物種與環境之間，均存在著一相互依存的關係，維持著既競爭又聯合的良性循環。

當物種面臨滅絕，通常不只一項單純原因，譬如說環境的變遷、賴以棲息維生的地域突然被破壞、食物鏈中斷、某種致死傳染病的流行等等，都能造成大量死亡，恐怕不只是運用複製生命科技，就可以解除某一物種面臨「絕種」的危機。

有本尊有分身，會不會出現鐵面人？

自兩年前發生「宋七力」事件以後，本尊與分身，幾乎已變成新的日常用詞。生命複製如果可行的話，「基因組」版本之原持有人無疑的將是「本尊」，而由其身上任何細胞所複製出來的新生命體，雖然所攜帶的遺傳訊息「全套基因組」都一樣，卻也頂多只是「分身」而已。就像《西遊記》裡所提到的孫悟空拔出一小撮毛髮，凌空一吹就變爲成千上萬個「分身」，似乎也可視爲生命複製的寫照。

「本尊」與「分身」雖然「基因組」完全一樣，但是至少在年齡、生長環境、家庭朋友、教育方式、時代差異上有極大不同，其個人機緣或命運自然不可相提並論，而這些差異，最主要係來自環境的變化因素。現成的例子，是生長在不同地區、不同家庭的「同卵雙胞胎」孿生兄弟或姊妹，他們的際遇、歷練與命運南轅北轍；如果二人分別成長在貧富差異懸殊甚大的家庭裡，甚至連形態容貌都不會太相像呢！

「我」會不會因此被仿冒？

如果生命可以很容易複製，我們所要擔心的是個人的「基因組」如何保護的問題。事實上以目前情形，大概可以斷定這將是最無法受到充分保護的版權——因爲任何人基於某種原因或某種企圖，想要取得你身上的完整細胞核，簡直是易如反掌，毫不費吹灰之力就可以拿到！譬如說皮膚屑、掉落的毛髮、些微血液、唾液等等。

如果一個人很愛慕對方，但又無法如願以償的時候，是否會想去弄一點她（他）的基因組，找個醫生或科學家將她（他）複製重現，並據爲己有？另外，是否有人會因爲忌妒仇恨，特地將對手複製出來好加以虐待，以宣洩心中的不滿情緒？這些都是值得去深思的問題。

怎麼稱呼「複製小老爸」？

如果一個已結婚生子的男人，從他體內取出一個細胞核，放到取自自己老婆且已除去細胞核的卵子內，育成胚胎後，再透過「代理孕母」生產，這時將誕生一個基因組完全跟他一樣的新生嬰兒，試想今後人倫關係將如何維持？是不是錯綜複雜呢？代理孕母在現行法律規範下，應該算是生母，但實際上她所貢獻的，只不過是提供子宮讓生命孕育孵化而已，胚胎細胞的細胞質是來自於母親，但細胞核內的基因又是父親提供的；如果這對夫婦已育有兒女的話，眞不曉得該如何界定這個「複製小老爸」，在整個家庭內的人倫關係？

能不能造個無敵鐵金剛、超人？

如果生命複製已趨成熟，而且轉殖基因的技術，已有充分把握的時候，是不是可以跨越單純的「無性生殖」複製技術，而加入一些人類特有的創造力？如果我們對「無敵超人」的定義，是不須從食物獲得營養與動力，本身就有能力像植物行光合作用一樣製造能源；不一定需要氧氣就可以行無氧呼吸；具有飛天走壁的能力（類似飛禽走獸）；具有對抗惡劣環境（某些細菌具有對抗高溫、高壓、耐酸鹼的能力）；具有組織、器官自我修補、再生能力等，那麼，綜合現存世上各種具特異能力的生命體特色，將它們的表現基因組合起來，創造出一個符合標準的無敵超人，或許是某些人夢寐以求的吧！

古聖先賢帝王活體博物館

如果生物複製科技已蓬勃發展，而從古人遺留下來的基因樣本（如骨骼、毛髮等），即使斷裂不全，也有能力進行重組或修補的話，則我們到博物館或展覽館看到的古人臘像，將會全面改觀；或許有可能會躍身變成一個復古的活體博物館，陳列著當時的建築景觀與文物，而每座建物內，都有數不清的古聖先賢帝王在那兒招呼你，熱情的與你泡茶談天。

生命科學開創無限可能

桃莉已經被製造出來了，桃莉之後，複製人類的未來會是如何呢，會不會出現以上所形容的各種狀況呢？

很明顯的，從桃莉誕生後，原本屬於科學家專業領域範圍的生命科學也變得熱鬧起來。因爲這些科技逐漸地與我們的生活息息相關，從出生到死亡，衣食住行育樂都少不了它，由複製科技而帶動的商機，更是無限寬廣。你如果不了解生命複製，又如何能開創生命的無限可能性呢？

複製羊的技術原理說來簡單，就是細胞核的置換而已，然而，最重要的是置換了細胞核以後，會發生什麼事呢？爲什麼桃莉的生命就會從那個被置換過的細胞核裡成長呢？科學家們一定知道了一些道理，掌握了一些方法後，才敢這麼複製羊，那麼，科學家到底知道什麼東西呢？或者說，我們是不是也應該知道科學家知道的那些東西呢？

在本書的其他章節中，我們將從細胞內部探討起，去看看染色體、基因，看看它們如何在細胞內長成一個生命，然後再介紹科學家在基因工程上的技術與應用，最後，則以生命複製的商機、道德問題、未來挑戰的探討作爲本書的結束。

現在，就讓我們跟著桃莉走，進到細胞內看看，這一切是怎麼發生的。

第二章

細胞核裡機關重重

細胞就像個城堡在運作，細胞城的構造複雜，想參加一次複雜的細胞城之旅嗎？閱畢本文，你可以輕輕鬆鬆地認識這個機關重重的奇妙之城……

細胞核裡機關重重

簡單的瞭解了桃莉是怎樣被複製出來之後，我們不禁要問：為什麼一個細胞核，就能產生一模一樣的後代呢？為什麼不是其他的元素？到底細胞、細胞核裡隱藏了什麼東西？染色體又是什麼？基因又是什麼？生命複製就是在複製這些東西嗎？

在接下來的幾章（二〜六章）中，我們將深入細胞內部去看看，看看到底細胞內部有什麼「天機」，竟然能夠一模一樣的把羊複製出來。

細胞內的《驚異大奇航》

我總認為，要瞭解一個地方，最直接了當的方法，就是親身去體驗一番。就像俗話說的「不入虎穴，焉得虎子」，既然一隻羊的生命複製是由細胞來開始，我們就「直搗黃龍」深入細胞探查。

幾年前，有一部電影叫做《驚異大奇航》，故事是有一群科學家藉由「縮小」的技術，進入人的體內去拯救一位重要的病人，因爲那個病人患了非常危險而且無法開刀的疾病，唯一的方法，就是進入他的體內，利用縮小的科學家和精密器材，作一番精細的體內手術。電影最後，當然是病人被成功的治療了，而最令人印象深刻的，是那些被縮小的科學家們，在一個人的身體內所碰到的諸多景象。

我們如同《驚異大奇航》裡的那些科學家，即將展開一場奇妙的「生命旅行」，現在，放鬆你的神經，不妨帶著準備去參訪一個神秘迷宮般的愉悅心情，開始我們的認識生命之旅。

請把細胞想像成一顆蛋

如果你對「細胞」這個名詞，還是覺得有點抽象的話，我們不妨先來看看生活中可以「看到」的實例。

比如說，除去蛋殼的雞蛋，就是一個細胞，包覆在外面的膜，稱爲細胞膜；內部看起來清澈的蛋清，就叫做細胞質；最裡面的蛋黃，則是細胞核。

當然，我們身上的細胞可沒雞蛋那麼大，它的大小我們可以這樣來想像：如果用針尖挑起一點點皮膚，然後放在顯微鏡下觀看，少說也有數百個細胞聚集在那裡。

想像我們把身體縮爲原來的萬分之一左右，導遊要帶領我們去遊覽「細胞城」，到達細胞城外，我們會看到一道排列得非常井然有序的圓球形城牆，這城牆就是細胞膜。

城牆外表有很多入口，但大部分的門都是關閉的，有些門外面，聚集著一些奇奇怪怪的東西，也有些通道與其他細胞城的城牆或與外面的輸運管道連接。

很多類似觸角的東西從城門伸展出來，看起來好像是接收信號用的天線，也好像是偵測器或電眼之類的東西，監視城外的一切。

細胞就像個城堡在運作

導遊帶領我們到達某一個門口，並要我們掛上識別證（一般生物體對自體分子都會有特別標誌，可以和外來侵入的分子區別），他說識別證是要讓細胞城內的警衛系統不會誤把我們當做入侵者看待，還不斷提醒我們，沒帶識別證的訪客，通常都會被立刻逮捕，然後送往集中營（溶體，裡面含有各類的分解酵素），並被五馬分屍，再轉變爲細胞城內的糧食。

經導遊透過偵測系統交涉，並確實戴好識別證以後，我們得以獲准進入。事實上，這時候的心情是五味雜陳的！既有滿心的期待去參觀那生命的殿堂，又懷著一顆忐忑不安的心，怕萬一有所閃失，落得血肉淋漓的下場。

幸好，這些擔心是多餘的。城門開啓了，我們發現，城主很週到地爲我們準備一個特製的圓球形小包廂，讓我們可以乘著包廂，潛遊在充滿液體的城內遊覽。

細胞城的構造原來這麼複雜！裡面佈滿球狀、棒狀、橢圓狀及曲折纏繞得有點類似迷宮的構造物，塞滿整座城內（如圖二）。

圖二：細胞內部

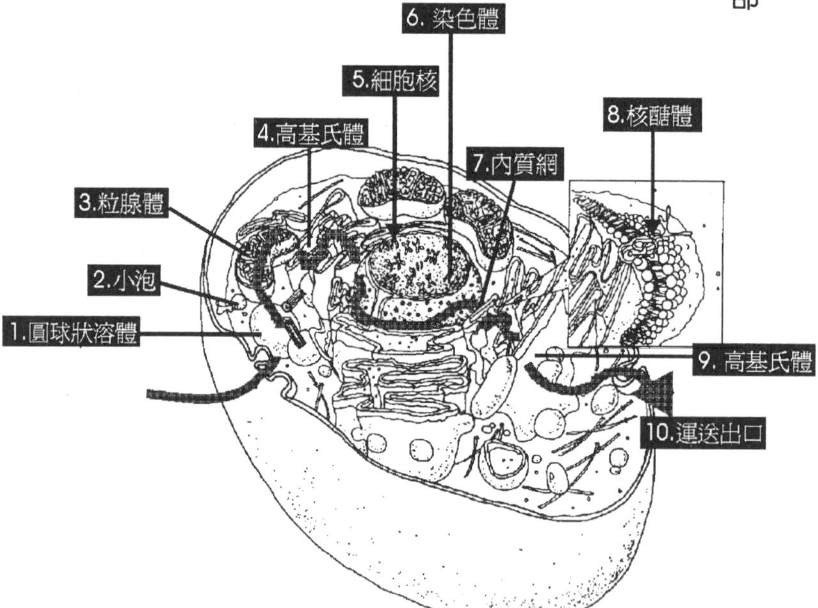
6. 染色體
5.細胞核
8.核醣體
4.高基氏體
7.內質網
3.粒腺體
2.小泡
1.圓球狀溶體
9. 高基氏體
10.運送出口

（1）首先，我們看到很多大小不一，跟我們乘坐的包廂有點類似的圓球狀物體，導遊說那叫「溶體」，仔細一瞧，原來溶體內所執行的正是宛如屠宰場一般的工作。細胞城主設想得非常周延，他們不能忍受城內環境的髒亂與無序，因此所有東西都會安排在限定的場所內進行工作。

（2）屠宰場內的執事，是一群稱爲「酵素」的專業「分子機器」，只看到他們把沒有佩掛識別標誌的物質切割成細小碎塊。這些分解後的小分子還是被圍在球體內，一袋袋地製作成細胞城內貯存糧食的小倉庫，當然我們也可以把它想像成「營養袋」。

（3）接著，我們到達一個長而且有點扁平的橢圓狀建物外面，導遊介紹說，這是一座稱爲「粒線體」的能源工廠。城內所有的活動都需要能量才能運作，不過這種能量與我們所熟悉的汽油或電力之類的東西不同，它的稱呼是「ATP」，這種ATP是所有具有生命的有機體共同的能量形式，包括從微小到肉眼看不到的細菌，或一支草、一棵千年巨木，抑或老鼠、大象、人……等，都使用這種相同的「ATP」生物專用能量。因此有人也把它比喻爲生物的

「能量通用貨幣」。

（4）我們沿著有點類似彎曲迴轉的迷宮構造物前進，它的名稱叫做「高基氏體」，它擔任的角色是讓那些「營養袋」進來，然後把小分子拼湊成城內需要的材料，如糖類、脂質等，看來它們等同於「食品加工廠」。

（5）然後，我們來到一個看起來頗爲巨大，表面有很多孔洞的球形宮殿，這座宮殿，就是「細胞核」。透過孔洞間隙往裡看，神祕的宮殿內沒有門，有一些物質匆匆忙忙地在宮殿的孔洞內外穿梭著，看來，它們正在傳達一些事。導遊介紹說，那宮殿就是發號施令的中樞，也就是表現生命最源頭的地方。

（6）宮殿裡面還堆放了很多纏繞得頗爲整齊的粗繩索，導遊說，這些繩索就是「染色體」。在染色體的某些地方有鬆動的現象，很多東西便聚集在一旁，似乎很忙碌，同時還有一些如細繩般的物質三不五時從孔洞中鑽出來，並一頭鑽進緊臨殿外的粗網狀構造物裡。

（7）這個網狀構造物是提供新生蛋白質暫存及褶疊加工的地方，名爲

「內質網」。

（8）內質網表面又有些類似不倒翁的物體，即「核醣體」，它的任務是合成蛋白質。

（9）接下來，最後的行程是再回到我們曾經遊覽過的曲折迷宮——高基氏體，這回我們看到迷宮內正在進行的是打包的動作，在靠近城牆的邊緣，他們把製造好的細胞基材及不再使用的廢棄物分別包裝成圓袋狀，經由城門送出，準備運往其他地方。

（10）我們也是以此方式，從這個出口被運送出來，結束這趟細胞城之旅。

至此，我們便對自己身體的細胞有了一番親身體驗。一個肉眼看不到的細胞，竟自成一個活生生的有機體社會，生命的運作實在是太奇妙了。

不過，儘管我們這次已瀏覽過生命殿堂，但還沒有機會全盤瞭解那扮演生命指揮中心的殿堂的奧妙，我們將會在接下來的幾章逐一介紹。

1

細胞城之旅

1. 導遊要帶領我們去遊覽「細胞城」，細胞膜城牆外有很多看起來好像是運輸管道、接收信號用的天線，也好像是偵測器或電眼之類的東西。

2. 進城之前，要先掛識別證，以免被細胞城內的警衛系統誤把我們當做入侵者看待。城主為我們準備的圓形小包廂，正在城內等著我們呢！

2

3. 沒帶識別證的訪客，下場就是被送往集中營五馬分屍，再轉變為細胞城內的糧食。

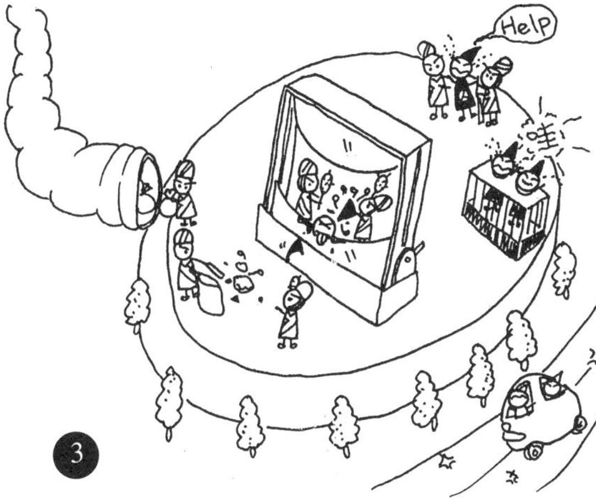

3

4. 細胞就像一座浸淫在水世界裡的迷宮城堡。

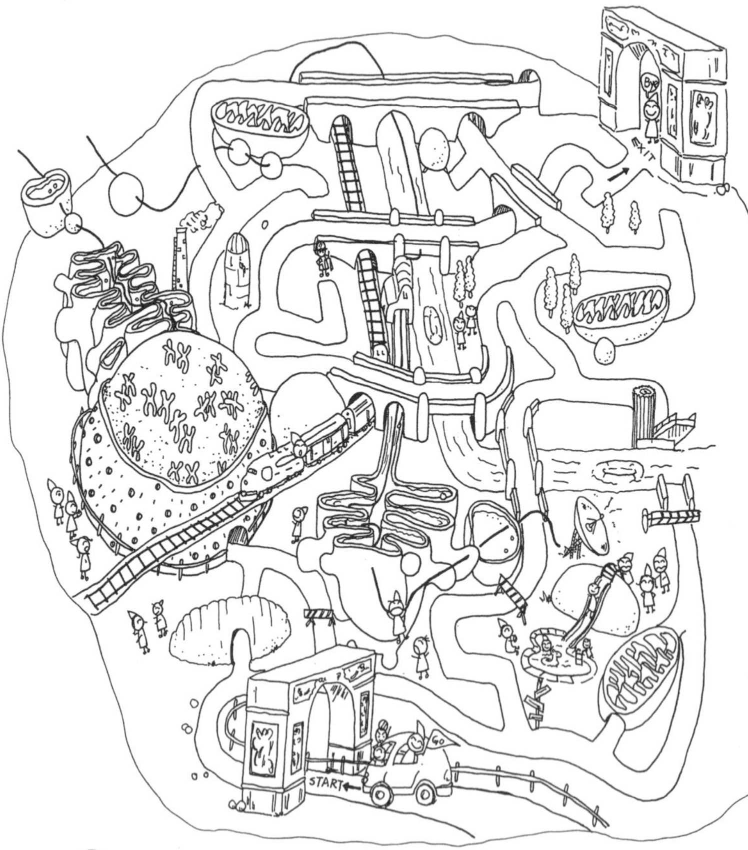

4

第三章

三十億位元
的生命密碼

從細胞核、染色體到雙螺旋體的DNA，我們瞭解生命的密碼就靠著A、T、G、C四種基鹽的排列組合，創造了生命各種不同的可能性。

但是，生命如何繼承這些各種不同的可能性？或說生命如何傳遞這些包羅萬象的訊息呢？

三十億位元的生命密碼

前面我們游歷了孕育生命的細胞核殿堂，但是，我們還是無法從「偷窺」細胞核內部就瞭解到生命複製的奧祕。

我們看到細胞核內，主要是存放著一堆堆繩索般的物體——染色體，而其他一些忙進忙出的小嘍囉們，所做的每一個動作，都與染色體有很大的關係。這不禁讓人聯想到，那些像繩索般的染色體內，必定藏有極大的「天機」，因爲在這生命殿堂內，就只這些東西看起來最具體！

所以，在本章中，我們將追蹤細胞核內的染色體，從裡面尋求生命複製的奧祕。

圖三.染色體解構圖：
從A到E，是染色體結構
不斷局部放大的示意圖。

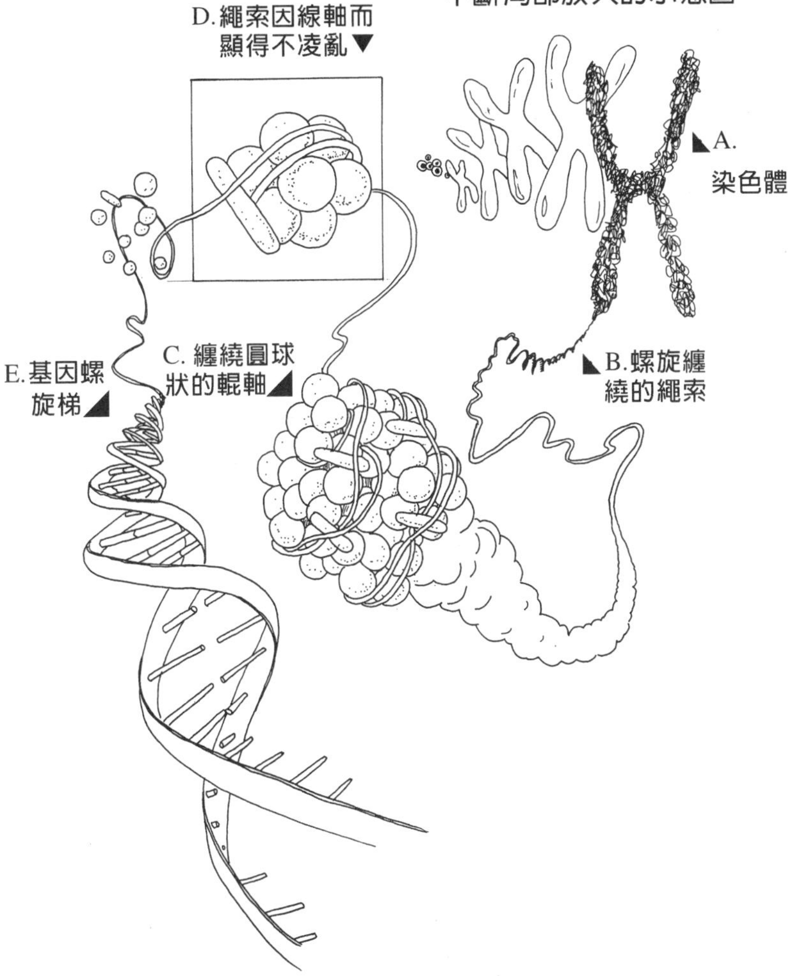

追蹤染色體，找到螺旋梯

到底生命的祕密是不是隱藏在細胞核裡的染色體中呢？

讓我們把染色體「拆開」來看看。

如果我們仔細看圖三所示的染色體解構圖，首先會看到一個經過細心綑紮好的X形狀的染色體（圖三—A）。自它的尾端拉開一小段，會看到染色體像是一種以螺旋方式纏繞著的繩索（圖三—B），再趨近一點，可以看出它是以井然有序的方式，先在圓球狀的輥軸上繞了幾圈，再緊貼著下一個輥軸繼續纏繞，纏繞的方式有點類似縫紉用線軸（圖三—C）。

接著，沿著繩索再一路追蹤下去，我們會發現線軸好像只是使那些繩索在纏繞時不致凌亂而已（圖三—D）。最後，我們來到最尾端，發現繩索其實是由兩條細繩所組成，而且以類似螺旋梯的方式出現。（圖三—E）

此時，我們已沿著染色體一路追蹤到螺旋梯子的底端，但還是沒有看到「生命的機密」。

繼續探索所有細胞核內的其他二十二對染色體，也都得到同樣結果——最後，只有螺旋梯狀的末端，其他什麼都沒有，那麼，生命究竟在那裡？

會不會，是染色體的螺旋梯暗藏著機關呢？

像神探福爾摩斯或少年偵探柯南那樣，讓我們拿出更精細的放大鏡，再仔細注意這個螺旋梯，很快，我們會發現它不是很平順，梯子的板面厚薄不一，而且厚薄出現的頻率也無甚規則可循。在我們生活經驗中，可以比喻的實例大概是有點類似音符在五線譜上的起伏變化。

染色體的螺旋梯的確是暗藏機關。一九五三年，美國病毒遺傳學家華生（James Watson）和英國的生物物理學家克里克（Francis Crick）在英國《自然（Nature）》科學期刊，發表了DNA構造與分子模型，也就是螺旋梯的模型（如圖三—E所示）。華生與克里克認為這種看起來不怎麼平順的螺旋梯，其樓梯板只是由四種不同材料，兩兩相配而成。而DNA就是由這些螺旋梯所構築出來來的！有關華生與克里克的故事，我們在後面章節中會有較詳細的述說。

組成螺旋梯的樓梯板，每一塊的厚度都不一樣，觀察它們之間的差異性與規律性，我們便能看出一點生命的端倪了。

當較薄的梯子一邊伸出A時，另一邊必是T，而較厚的梯板某一邊是C的時候，另一邊就鐵定是G，從來沒有例外。（圖四）

A配T，G配C，這究竟在搞什麼飛機？難道生命的奧祕就在其中？

圖四：DNA的構造和分子模型

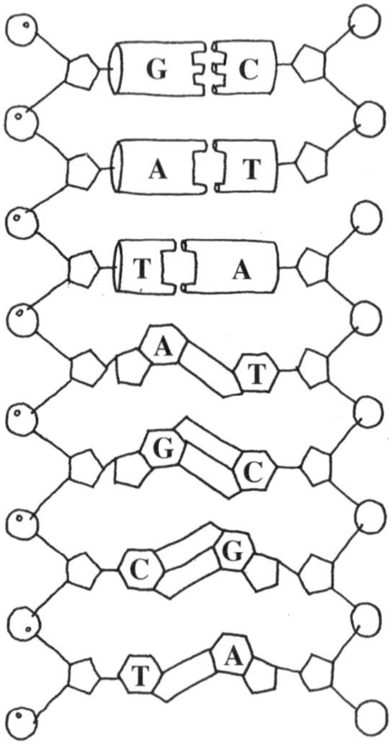

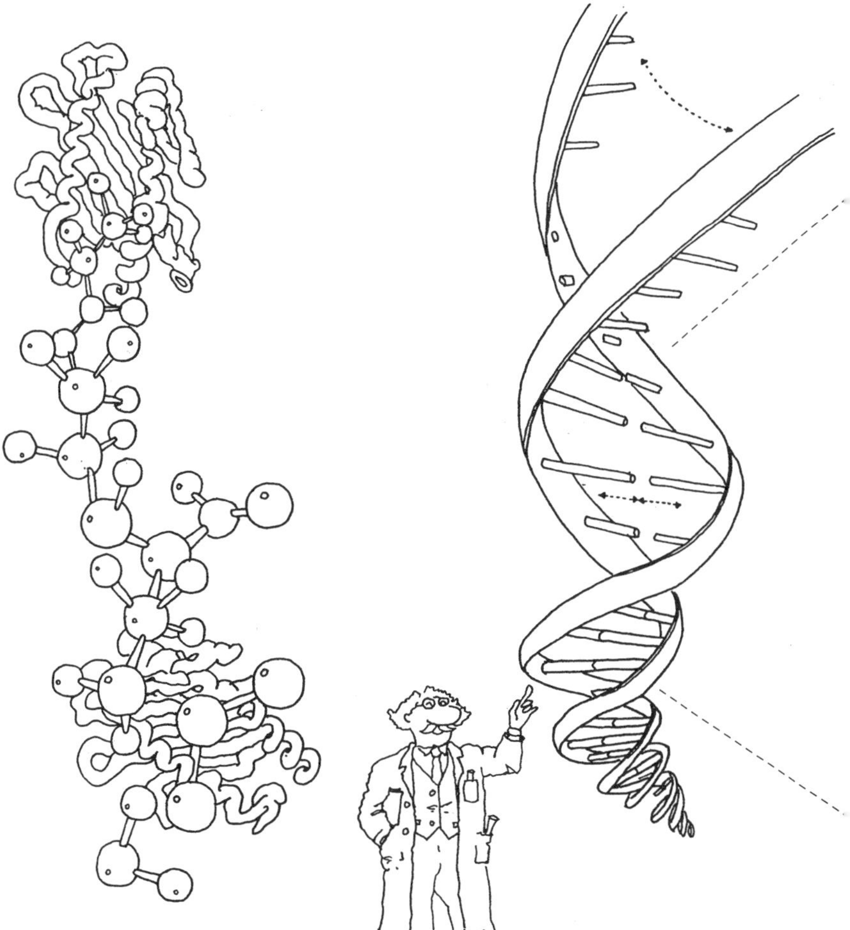

A、T、G、C可以玩出什麼把戲？

A、T、G、C這四個構成螺旋梯的東西，生物學家稱爲「生命的共同語言」。因爲當生物學家在檢驗所有生命有機體時，發現所有生物都含有相同遺傳物質DNA，而且全部都使用相同的A、T、G、C，只是排列次序及長短不一樣而已。因此，才將A、T、G、C這四種鹽基稱呼爲「生命的共同語言」。

A、T、G、C是四種鹽基的代號，我們可以不需要去知道它們的化學結構，只要把它們想像成「樂高」玩具的四個組件就可以了。

用樂高組合玩具來思考，我們先把梯子的一邊以任意次序接好，再來接合梯子的另一邊，立刻發現梯子的另一邊的順序其實已經被決定了。因我們必須按它的互補次序銜接另一股，才有辦法完成完整的梯子造形。（圖五）

我們細心審閱組合好的玩具梯子，或用手滑過梯板時，會感到如波浪或音符般的跳躍；這也像是傳統唱片的刻痕，當唱針在刻痕上滑動時，立即可發出動人的樂音一樣。梯板上的鹽基若以不同排列次序，肯定會出現不同的變化，而生命的密碼就是這樣蘊藏在裡面。

圖五：

生命共同語言ATGC四大鹽基組件

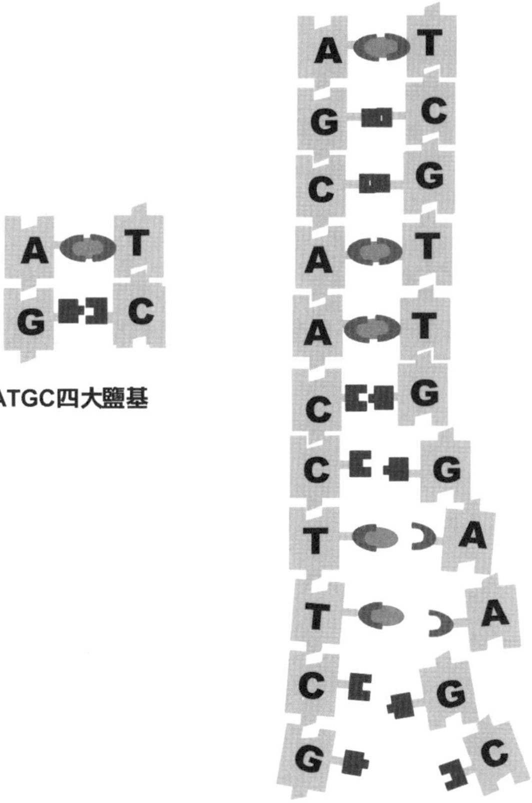

ATGC四大鹽基

圖六.比較生命密碼與數位電腦的排列方式

生命密碼 ATGC與數位電腦01的比較

長度同是10單位時其變化構成

4^{10} =1,048,576

生命密碼 **ATTGCAACTGAACAGTGGGCAA**
TAACGTTGACTTGTCACCCGTT

2^{10} =1,024

電腦 **0100110100111010001101 01**

鹽基和數位電腦「0與1」的比較

A、T、G、C四種鹽基就如同「生命密碼」的「位元」，和目前電腦裡的「0與1」有相當程度的共通性。圖六即是將生命密碼的排列方式與數位電腦的排列方式做一個比較。

首先我們來看兩者在資訊儲存量方面的差異，DNA是以「A、T、G、C」爲位元單位，所以螺旋梯長度是3的時候，它的變化是4^3=64種；如果長度是10的話，則有4^{10}=1,048,576個機會；換句話說DNA的螺旋梯只要有10個單位鹽基（A、T、G、C）組成時，它就有1Mega的資訊貯存量。

在生物體內，一個有意義的基因，少說也要有八○○個單位鹽基的長度以上，那麼四的八○○次方究竟有多大呢？那種天文數字般的資訊蘊藏量，我們實在很難想像。

再回過頭來看目前最盛行的數位電腦，它是由0與1兩個位元構成，所以每個位置有兩個機會；長度是3的時候，變化爲2^3=8；如果長度是10的時候，資訊量是2^{10}=1024，顯然和生命所潛藏的資訊量，有非常大的差距。

另外，DNA是以兩股「成雙成對」的排列方式所組成的，而數位電腦的信息，只是單股線性序列。因此，生命和非生命之間，目前仍存在著一道相當廣闊的鴻溝。

因爲生物體在經過四十億年演化過程後，已經發展出一套極爲精緻的運作模式，雙股的設計目的，是要讓生物體不僅得以將所有的遺傳信息儲存起來，而且還可以傳遞給下一代。

像DNA的雙股模式，如果能運用於電腦的資訊結構及特殊解碼程序設計上，或許便能使電腦在人工智慧、自我修補、自我複製……等技術方面更上層樓，並設計出具有生命起碼形式的生物電腦出來。

複製生命訊息的難度

從細胞核、染色體到雙螺旋體的DNA，我們瞭解生命的密碼就靠著A、T、G、C四種基鹽的排列組合，創造了生命各種不同的可能性。但是，生命如何繼承這些各種不同的可能性？或說生命如何傳遞這些包羅萬象的訊息呢？

從一顆受精卵開始，細胞就要不斷地分裂，每分裂一次，細胞就必須把生命密碼重新複製一套，再分配到兩個子細胞中。這部「生命的劇本」，就是

「遺傳訊息」。

每一個人，都是由一顆受精卵細胞開始的，到達成熟時，一個身體便大約具有 10^{14}（10的14次方）個細胞，而這一百兆個細胞內，除了少數成熟的紅血球外，全部均含有相同的全套遺傳物質，這個複製的工程，可以想見有多巨大！而每個細胞在進行複製時，究竟有多少工作要做？以人體爲例，每個細胞核內有二十三對染色體，二十三對染色體內約含三十億對鹽基對。在複製時，這三十億對鹽基對，每一對都必須拆開複製一份拷貝，再分配至兩個子細胞中，才有辦法完成任務。

複製的過程雖然有些複雜，但並不難理解，前面我們曾舉了一個以樂高模型組裝雙股DNA的例子來做說明，現在也還是從這裡來了解會比較容易。

爲了保證複製出來的東西與原來一模一樣，而且不發生錯亂，最好的方式，應是從梯子的一端慢慢解開，然後再依序把新的對應組件組合上去。逐步組裝的結果，最後變成兩條保留了原有基因的一半的複本，這種方式就稱爲「半保留複製」。

人體細胞由一個分裂到一百兆個，每個細胞核內的三十億對鹽基都要完全一樣，這項工程的精密度，恐怕遠超過我們想像力所能及的範圍。

複製出錯時誰來解救？

在肉眼無法看到的微小細胞內，包裹著一個更微小的細胞核；而數目竟高達三十億對的鹽基，又潛藏在這個細胞核中！也許「三十億」這個數字對我們來說沒有什麼意義，但如果我們把它更具象化一點，我們會更加讚嘆生命的神奇。

若每一個鹽基就用它的英文字母符號A、T、G、C來表示，然後我們算算看三十億個字母的量有多大，如果以一本三萬字的書爲比喻，那麼三十億個字母，就需要十萬本書才可以容納得了。

每一個細胞分裂成兩個細胞，就等於十萬本書要再重印一遍，而且其中不能缺頁、錯置、遺漏、空白或有其它任何瑕疵情形出現。

但是，萬一在複製時出了差錯怎麼辦？

當然，這麼龐大的複製工作，難免偶爾會出差錯，此時，便須仰賴細胞核內的「修補酵素」來進行修補。

修補酵素怎麼個修補呢？

修補酵素有點像是自動運作的機械人，會沿著複製出來的DNA螺旋梯滑動，當碰到那一段或那一個錯誤、斷裂或空白時，立刻按應有配對規則馬上進行修補。

修補酵素堪稱多才多藝，它可以一邊檢查，一面切割，同時又一面把修補材料抓過來，擺正位置，再縫合。所以我們人類能有今天，也眞是多虧了修補酵素，才使得生命可以一直在穩定有秩序的狀況下，代代相傳，持續綿延。

然而，也會有某些時候，出錯的情況實在太離譜了，已經超過修補酵素的能力範圍，或即使是可以修補，但也無法恢復原來的樣子。這種情況麻煩可就大了。這類基因嚴重出錯的情況，大多發生在暴露於高能輻射線，如紫外光、X射線、伽瑪射線、環境毒物（有機溶劑、農藥、多氯聯苯……）、或吃了受毒物污染的食品（黃麴毒素、農藥殘毒、亞硝酸鹽、防腐劑……）等等。諸如肝癌、肺癌、皮膚癌、骨癌等疾病，都是基因發生無法修補的錯誤時所導致的病變。

生命的華爾滋：染色體的複製

1. 鹽基之舞

2. 本尊各自分開，旋轉一圈，轉出分身

3. 新舞伴加入，配對

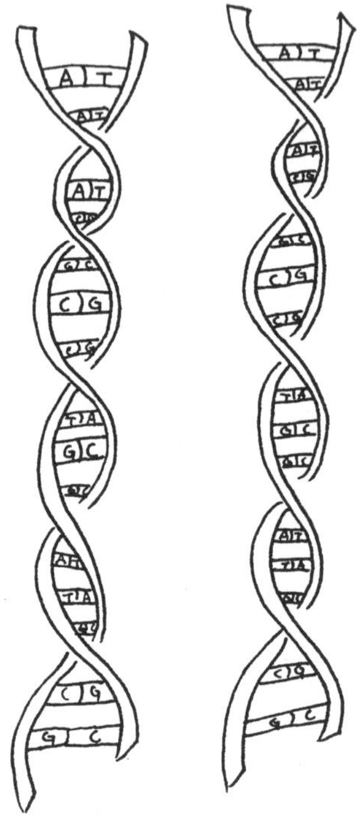

4. 複製完成，形成雙股雙螺旋

第四章

基因上的生命指令

由於組成蛋白質的組成方式（胺基酸種類及排列次序）變化豐富，導致蛋白質演員的構造與功能變化多端。
生命的多樣化，與蛋白質這一「分子機器」有很密切的關係……

基因上的生命指令

從細胞核到染色體、DNA、ATGC四大鹽基的探索中，我們知道「生命指令」的藍圖存在於染色體中DNA的鹽基排列順序內。而人體有二十三對染色體，約由三十億對鹽基組成，如此巨量的鹽基大約可以攜帶十到四十萬個基因，這些基因的總合稱之爲人類的基因組。

基因組成染色體，管制生命密碼，控制著每個生命的發展潛能。但是，就如前面述及，我們看到的這些「生命密碼」、「生命指令」都只是「程式」而已，也就是說，染色體或基因並不直接負責製造各種生命所需的材料，或者表現生命。

那麼，問題來了：究竟誰在表現染色體上基因裡頭的生命指令呢？還有生命成長所需的營養素或者能量，到底從何而來？

要解答這個問題，我們必須再一次進入細胞核中一探究竟。

極端複雜的細胞工作

再回到細胞核裡頭，我們會看到有些漂浮著許多大大小小稱爲溶體(lysosome)的球狀物，當外面輸運食物進來時，就會被整理分類，並包在溶體內，然後送到分解廠進行分解（被某些「物質」分解成各式各樣的小基材分子），分解完的東西，再送到另一個地方（高基氏體裡面），並被重新加工組合成較大的分子，最後被打包成小球包狀，送出細胞外。這些被再製作過的小球包狀的東西，就是我們生命成長所需要的營養素。

另外，細胞中又有個稱爲粒線體的構造物，它控制一些特殊的「物質」，負責將食物轉換成能量，提供人類活動所需；這些「物質」還有個更特殊的任務，就是傳達基因指令。

在人體生命訊息中樞的總部（多孔球形細胞核裡面），擔任遺傳訊息角色的總指揮——染色體，始終足不出戶，因爲總部與外界溝通的孔洞太小，染色體想要鑽也鑽不出來，但是它卻可以操縱某些「物質」，藉由孔洞進進出出，將它的命令傳達到工廠各處。

那麼，這些受染色體指揮，充塞在細胞內，擔任各種分解、合成、信號傳遞、運送等各種生命活動的重要「基本物質」到底是什麼呢？

神奇的「蛋白質」

謎底就是一種稱爲「蛋白質」的作業員。

蛋白質的英文是protein，它的字源是「最基本」的意思，如果生命是一齣戲劇，那麼「蛋白質」就是生命劇場中最基本的演員。

「蛋白質」是生命劇場中所有基本演員的總稱。

當然，每一個獨立的演員都有它固定的特徵，每一個演員到底具有何種特徵，與它的基本構成單位有關，蛋白質基本的構成單位是胺基酸（amino acids），共有二十種，如果我們把蛋白質想像成一個演員，那麼胺基酸就是蛋白質的器官。

「蛋白質演員」擁有數十個到數百個不同器官，而且每一種器官的組成次序也不盡相同。當器官的組合與順序改變時，就產生新的蛋白質，所擔任的角色類型與功能也會有所不同。

蛋白質的功能幾乎取決於它的外表形狀（三度空間的立體形狀），只有蛋白質處於外表是穩定的立體構形時，才能表現出特定功能。一但這個外表構形，因爲某些因素如高熱或酸、鹼等化學藥劑而被破壞，它的功能就會消失。而且這種破壞往往都是無法挽救的，就像我們把蛋加熱到六〇℃以上，維持一段時間之後，它就會慢慢固結起來，無論我們再怎麼扁它、切割它都變不回原來的樣子，也就是說，蛋白質「死了」。

我們人體工廠內所有執行物質的分解、合成、能源轉換、輸送及信息傳遞，都靠這些可以稱之爲「分子機器」的蛋白質來擔任，而蛋白質是那麼容易受傷，而且受傷之後無法復元，因而生命是如此脆弱。

蛋白質的構造影響其功能

一般蛋白質演員可以分成三種，剛被合成出來的新生蛋白質，像接龍一樣排成直線序列，這種線性排列的長鏈分子稱之爲蛋白質的「一級構造」，這時候它還只是實習的菜鳥，還不能上場。

接著，菜鳥蛋白質會按照組成器官（胺基酸）的種類與次序，自行排列成螺旋狀（α-helix）或平板狀（β-sheet），此類已開始具備雛形的立體構造，稱爲「二級結構」，但是二級結構還是缺乏某些東西，因此也還不能擔綱演出。

以二級結構爲基礎，蛋白質在生體細胞環境內的內質網會自行繞曲折褶，形成穩定的三度空間立體結構，稱之爲具特定功能的「三級結構」，此時已萬事具備，蛋白質演員可以粉墨登場了。

有「構造」才有「功能」，這是我們對蛋白質最基本的認識。

由於組成蛋白質的組成方式（胺基酸種類及排列次序）變化豐富，導致蛋白質演員的構造與功能變化多端。

生命的多樣化，與蛋白質這一「分子機器」有很密切的關係。

最受矚目的蛋白質——酵素

在眾多蛋白質演員中，最受矚目的是稱爲「酵素」的蛋白質。

「酵素」在細胞內扮演各式各樣的反應（如合成、分解、氧化、還原等）的催化劑。

酵素具有耐苦耐勞的特性，不論任何複雜的反應，它都可以在生物體所處的常溫、常壓及近乎中性的環境下產生作用。這是化學家極感興趣的對象，因爲大部分的化學反應通常都需要在酸、鹼或加壓、加熱的條件下，利用觸媒，經過許多步驟才能達成。

第五章

基因是導演，蛋白質來演戲

佔國人十大死因第一位的癌症，就是基因與蛋白質的對話失控所導致。在癌細胞內，基因不斷地發號施令，而蛋白質則不斷的生成，以致產生細胞不斷增殖擴大的病變，腫瘤於焉形成。

既然基因和蛋白質就等於是導演和演員，那麼他們彼此是如何運作、對話而讓生命成長的呢？在本文中，我們將透過例子來瞭解基因和蛋白質之間的互動……

基因是導演，蛋白質來演戲

如前章所言，一個有意義的基因，可經由一定的解碼程序，製造出它所對應的蛋白質。所以說，基因扮演了「導演」的角色，蛋白質則是此齣生命戲劇的基本演員。

導演（基因）和演員（蛋白質）必須能時時刻刻維持一個穩定和諧的對話狀態（亦即互動關係），否則這齣生命劇碼就無法順利演出。

佔國人十大死因第一位的癌症，就是基因與蛋白質的對話失控所致。在癌細胞內，基因不斷地發號施令，而蛋白質則不斷的生成，以致產生細胞不斷增殖擴大的病變，腫瘤於焉形成。

既然基因和蛋白質就等於是導演和演員，那麼它們彼此是如何運作、對話而讓生命成長的呢？在這章中，我們將透過例子來瞭解基因和蛋白質之間的互動。

在進入基因與蛋白質的對話之前，我們必須先瞭解，染色體只是貯存所有的基因組的集合體而已，它不會無緣無故地自己決定要開啓那個基因來製造那一種蛋白質，或什麼時候應該關掉某個基因以停止該蛋白質的生產。

所有的生命指令都寫在基因組裡面，因此，基因組可以說是極爲複雜的「生命程式」，決定什麼時候該執行那個基因或那些基因、什麼時候要關掉它們。但是究竟誰在執行這個複雜的生命程式？目前尚不得而知。

偵查、商量、決策——基因的生產管制功能

基因和蛋白質如何對話？如何工作呢？

以平常我們攝取食物之後的消化爲例，如果我們在中餐時享用了一塊十二盎司的牛排，腸道內就會堆積大量的牛肉蛋白質和油脂之類的食物，此時腸道壁的細胞立刻查覺有異，必須快馬加鞭的分泌具消化功能的蛋白質，以分解酵素及脂肪水解酵素來幫助消化，否則原料囤積太久，會使腸胃出問題，因此，只要身體內有任何狀況出現，都立刻有「信息分子」進行通風報信的動作。

消化的目的，是把外來的食物，變成人體所需要的物質，因此，信息會傳

送到消化細胞的生產管制部門。生產管制部門中，設有調節基因、操作基因與構造基因三部份，共同指揮生產某一種特定蛋白質。信息分子到生產部門時，首先向調節基因報告，因爲調節基因上面有感應序列，可以感應由細胞核外闖進來的信息分子。調節基因一接到信息後，就立刻和臨近的操作基因商量，操作基因主要的工作是了解到底進了多少貨物，然後再判斷如果要分解這些原料，到底要製造出多少分解用的酵素。當調節基因與操作基因取得默契，並且都同意以後，才通知構造基因開始準備工作。

這情形就像基於安全理由，將重要的東西上鎖，而這個鎖要有兩把鑰匙才可以啓開。

構造基因手裡握有蛋白質的合成密碼，在消化這個例子裡，當然就是要開啓蛋白質分解酵素或脂肪水解酵素的密碼，必須要有這個密碼，才能製造出所需的蛋白質。

發佈製造命令——錄製訊號

當生產部門決定了生產酵素的量之後，製造部門就會「啓動」染色體內所需的酵素的基因組位置，啓動的工作則是由一種稱爲RNA聚合酶的酵素來擔綱。

首先，它會把要錄製（學名爲轉錄作用）的訊息部位的基因挑開，然後迅速滑過被拆開的螺旋梯的一邊，並依照全段構造基因的互補序列錄製出一段對應序列，這也就是轉錄的意思。而爲了使轉錄版的信號，不致破損或被分解掉，RNA聚合酶還會特別在每一個轉錄版的一端套上化學罩杯，即在另一段加上一條尾巴——一串都是A的鹽基。

經過了梳妝、整容、載好帽子等步驟後，就可以準備進入細胞質中，進行任務，它的名字就叫做「傳訊RNA」（messenger RNA）。

開始製造蛋白質

「傳訊RNA」會從細胞核孔洞中滑游出來，然後往形狀有點類似不倒翁的核醣體脖子上鑽。這核醣體就是細胞內用來合成蛋白質的「分子機器」，而白質。這就像現代化的機械工廠的生產程序一樣，把含有製造密碼的磁帶掛進「數值工作母機」，機器就會按照磁帶上的指令進行加工動作一樣，而「傳訊RNA」就像是個帶有製造密碼的磁帶。

「傳訊RNA」進入核醣體後，就開始製造蛋白質，等到「傳訊RNA」出現了結束密碼，便會通知核醣體「工作結束」了，停止製造蛋白質。接著，「傳訊RNA」便滑出核醣體。

完成任務後，這條「傳訊RNA」的下場就是被送往屠宰場分解。傳訊RNA只能使用一次，所以細胞才能精確地控制要合成多少量的蛋白質。以我們提到的享用牛排之後的消化爲例，單單製造出一個酵素是不夠的，必須不斷重複上述步驟，由細胞核內錄製更多的「傳訊RNA」，來合成更多的酵素，直到調節區基因偵測得知已經足夠了，才會把該段基因關閉。

萬一密碼錯誤會發生什麼狀況？

蛋白質在基因的決定下被製造出來。由細胞核內轉錄出來的傳訊RNA攜帶了製造蛋白質的密碼，也就是說，蛋白質上的胺基酸序列，是根據傳訊RNA上的密碼產生的。因此，傳訊RNA上的密碼，必須百分之百正確，才能轉譯出構形及功能都正確的蛋白質。

但是，萬一轉錄的時候出現錯誤，而且修補酵素又失職，沒有把它補正過來的話，導致傳訊RNA帶了錯誤的密碼出來，會發生什麼狀況？

通常，在此情況下，核醣體所轉譯出來的蛋白質也跟著發生變異。有某些情形下，變異的蛋白質會引起危及生物體甚或導致生物體致命的結果。舉例來說，血紅素是紅血球細胞內能與氧氣結合的色素，紅血球因而可以呈現紅色。血紅素最大的功能，是攜帶氧氣到人體的每一個角落，提供細胞將營養物轉變爲能源時使用，它是一種由一百四十一個胺基酸組成的蛋白質分子，如果血紅素的某一個鹽基發生突變，就會產生問題。

以鐮刀形細胞貧血症狀來說，是由於其中有一組鹽基序列出錯，使製造出來的不正常血紅素分子黏成一團，原來應是圓盤狀的正常紅血球細胞，被扭曲成兩端削尖的新月形狀。此種不正常的紅血球，會使患者飽嚐貧血、呼吸困難、倦怠以及體內器官容易發生病變之苦，尤其使患者難以在氧氣稀薄的高原地區活存下來。

然而並非所有的突變都會產生致命的影響，在生物的演化過程，也有許多因爲某些基因的突變，而才能使生物體產生足以應付環境挑戰的能力，而使得生命可以延續存活下來。現今存在世上的大多數生命族群，大都靠著這種稍微不完美的複製方式，而得以在多彩繽紛的生命世界佔有一席之地。

生命的奇妙也就是在這裡，有些時候發生了錯誤，反而像詩人鄭愁予的詩句，是個美麗的錯誤。

人體工廠：

人體其實就像個工廠，由稱為「基因組」的中央系統控制生命程式，負責管理接受外界刺激的調節組，維持外界進貨量與內部消化作業平衡的控制組，與記載操作程式的構造模型組，而接受指令負責實際運作的則是為數眾多的蛋白質。

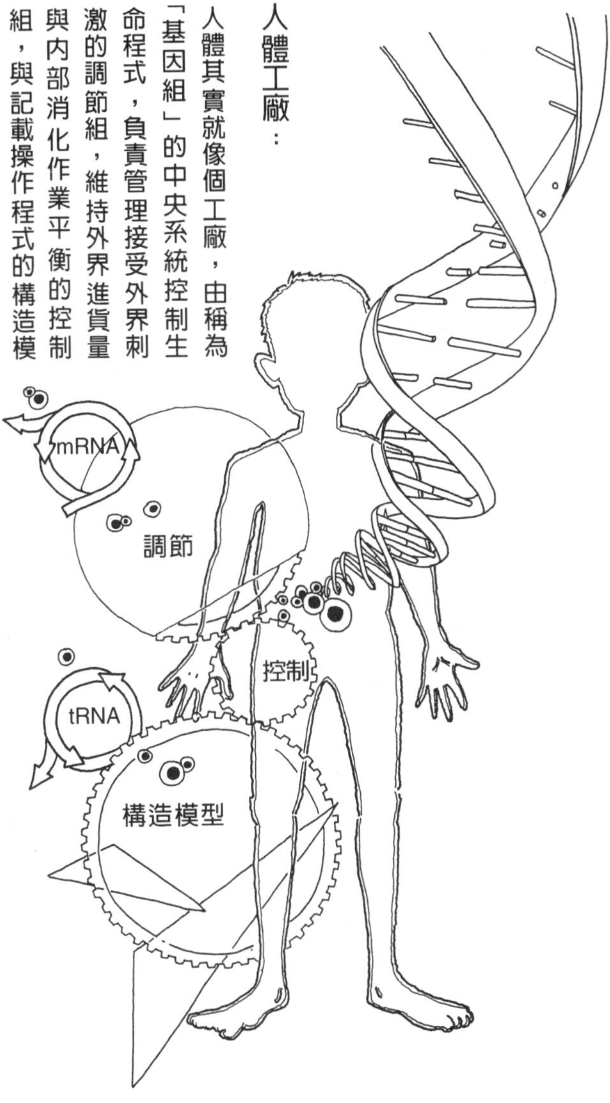

第六章

打造生命體的
千千萬萬個細胞

基因必須有蛋白質才能動作，而蛋白質必須有基因的指令才能生產，基因和蛋白質彼此互相依賴、配合，製造出細胞所需的全部蛋白質，並且合成細胞內的所有材料，創造出一個生命個體……

打造生命體的千千萬萬個細胞

在本書的第三章中我們介紹了染色體、DNA，接著在第四章我們遇到了另一個生命重要物質——蛋白質，然後，我們在第五章以簡單的例子談了基因和蛋白質的關係。

基因當導演、蛋白質來演戲，這就是生命奇妙的運轉邏輯。在基因與蛋白質的一來一往過程中，細胞內的基因一直和依它的「指令」所產生的蛋白質，進行穩定的對話，同時也可透過其他蛋白質，和身體內其他細胞的基因組進行對話。

但是，我們不禁要問：爲什麼需要瞭解基因與蛋白質的關係及作用呢？這和生命複製或是複製羊有任何關係嗎？基因和蛋白質努力的演出究竟爲了什麼？

基因與蛋白質提供細胞分化的所需

任何一個受精卵，不管是桃莉羊的移殖細胞，或是正常的受精卵，它們都是由一個細胞開始，然後逐漸分裂成含多細胞的胚胎，然後再慢慢長成爲一個可以運作的完整個體。這樣的過程，我們稱爲細胞的分化。

在細胞的分化過程中，細胞不僅只是數目增加而已，而且是從形狀上以及功能上，都逐漸特殊化。也就是說，有些細胞變成肌肉細胞，有些變成神經細胞，有些變成臟器細胞等等，具備各自專門功能。

在這裡，請稍停一會兒想想這個問題：一個細胞怎麼能分化出那麼多細胞來呢？「材料」要打哪兒來呢？

答案很明顯了，就是受精卵裡的基因和蛋白質「努力」演出的結果。因爲基因與蛋白質的努力，才能打造出一個個的肌肉細胞、神經細胞、臟器細胞等。基因必須有蛋白質才能動作，而蛋白質必須有基因的指令才能生產，基因和蛋白質彼此互相依賴、配合，結果製造出細胞所需的全部蛋白質，並且合成細胞內的所有材料，創造出一個生命個體。基因雖然是細胞製造的上級指導員，但如果沒有蛋白質的通力配合，也只是一個抽象的指揮系統。

細胞如何分化成個體

藉著基因與蛋白質的努力打造，受精卵（細胞）固然可以按部就班的分化，但受精卵是如何分化爲個體的呢？

我們可以把生命個體，想像成一個電腦程式。

從成功受孕開始，這個「程式」開始被有效的執行，這個生命程序擁有一個隨時間進行的單向序列主程式，以及眾多與細胞分化、組織、器官形成有關的副程式。這個主程式就是生命的流程，生老病死的不可逆轉過程；而每個副程式與主程式的聯接除了受時序控制外，還需要某些特定的化學訊號才能進行啓閉動作。

每一個副程式的執行，都是以平行的運作方式進行，以保證個體可以均衡成長，例如肌肉細胞和神經細胞的平衡發展，才能讓這個生命健康完整。主程式與副程式之間，始終維持一種對話方式，以維持生命程式的順利運作。

爲了使程式有一個「功德圓滿」的結局，主程式也會逐漸啓動自殺程式，即自我凋零基因逐漸被活化，直至主程式終止爲止。那麼這個生命也就衰老而結束。

所以，最有趣的部分可能就是那些奇妙的副程式，到底細胞如何分化成一個個體？所有的細胞如何擔負不同的任務，卻又彼此合作，讓一個生命得以成長？

在受精卵分裂爲多細胞的胚胎初期，所分裂增殖的細胞，並不是突然間就變成特定功能的細胞。

在分裂過程中，它們有「預先命定」的密碼，指示循著各自的「命運」，變成肌肉細胞或神經細胞或其他各種功能不同的細胞。

這種被「預先命定」的細胞分化程序，一旦超過胚胎的某一時期，就被「鎖定」住，無法逆轉了。這是細胞的「不歸路」，就好像一種化學變化，不能改變了。換句話說，這時期肝細胞就是肝細胞，腦部神經細胞就是腦部神經細胞，永遠不會再作任何改變。

至於那些細胞是何時開始分化？分化後的細胞會變成什麼樣的組織、器官？這些都是生命科學家急欲去解答的問題，而這些問題都跟「發育生物學」

有密切關係。

為何分化後的細胞不逆轉？

什麼是逆轉？就是指在分化中或分化完全的細胞，產生逆向或轉向行為。如果一個生命在發生及成長過程，細胞分化竟可以發生逆轉現象，那是很可怕的狀況！因爲逆轉的結果，會導致人的形體無法確定，各種器官可能會胡亂錯置，結果呢，也許有人眼睛長在膝蓋上，手長在頭上，更可能變成一團奇怪的變形肉堆（如果心臟、血液、消化系統都還完整的話，這個肉堆還能生活吃飯呢）。

這種自發性的逆轉，事實上發生機率很小，胚胎時倘若發生此現象，大概都會以濾泡胎、死胎結局。也許在生命的主程式中還列有一張檢核清單，當發生那些無可挽救、重置的失序動作時，便直接加速凋零基因，直奔程式終點，以死亡作結。但如果可以在外力的控制下，引導已分化的細胞產生逆轉，或重新設定的話，那又會是什麼樣的狀況呢？這是目前科學家極欲了解及追求的目標之一。有關這一點，我們放置在第十一章器官複製一節中討論。

第七章

神奇的基因改造

其實，科學家在改造生命時，對於基因能做的動作就只有簡簡單單的四個動作：剪、黏、載、住。
換言之，科學家的「四招」工夫，就只是利用「剪刀」、「粘膠」、「載運工具」、「宿主」來達成而已⋯⋯

神奇的基因改造

複製羊桃莉的「受精卵」是人爲的導引、製造、加工後所產生的，一般生物的受精卵，則是自然的行爲「產物」，不管是人爲複製的受精卵或是自然合成的受精卵，一旦成了胚胎，細胞本身就會自行啓動成長的「程式」，開始分化成長。

用人工的方法複製出一隻活生生的羊來，當然是很神奇的事，但是，如果科學家可以把表現生命的奧祕弄清楚，除了複製外，還有更多的空間可以發揮。其中最重要的，就是進行「改造工程」。改造什麼呢？當然就是改造生命，讓生命的一些問題能夠在開始之初就不存在。或是改造某些生物的生命，讓它們更能爲人類社會服務。

在生命的成長上，科學家可以做些什麼改變？技術上會不會很困難？事實上，這些基因改造的技術原理並不難，也許，當你了解這個主題之後，還會慨嘆「『功夫』說破，不值三分錢！」

「四招功夫」就能改組基因

要改造生命、複製生命，當然都得從基因動手腳，這就叫做「基因重組工程」。

一看到「基因重組工程」這樣的字眼，大多數人總會覺得這個「工程」好像很玄、很深奧、很高科技的樣子，好像比蓋摩天大樓還麻煩的樣子。當然，接下來的態度就是敬而遠之、退避三舍、沒有興趣，更別說有意願去嘗試多瞭解一點，有人甚至還認爲自己沒有能力、沒有時間去「研究」這個「新玩意」。

其實，科學家在改造生命時，對於基因能做的動作就只有簡簡單單的四個動作：剪、黏、載、住。

換言之，科學家的「四招」工夫，就只是利用「剪刀」、「粘膠」、「載運工具」、「宿主」來達成而已。

能不能想像呢？如果你常用電腦寫報告、作業，你一定會使用剪、貼、拖曳、儲存的功能。科學家在重組基因時，所用的功夫就跟你使用電腦寫報告時所用的功能一模一樣。只要你把「基因」當作是你的「報告」，當你在重整時所做的剪、貼、拖曳、儲存的動作，就是科學家在做基因改造的事。

怎麼樣？不太相信嗎？讓我們一起來想像這樣的畫面：

一個滿臉鬍子的科學家，戴著副超高深度的眼鏡，手上拿了一把特製的「剪刀」，在一個要充當「載具」的細菌質體上瞄了又瞄後，就把要充當載具的基因給剪開。接著，他又拿起「剪刀」，把人的胰島素基因剪下來；然後用「粘膠」把它粘在先前剪開的「載具」基因上，使「載具」多出了一段人的胰島素基因。接下來，鬍子科學家把改造過的「載具」，運送到細菌「宿主」體內，於是這隻被人改造過的「無辜」細菌，因為也具有胰島素基因，所以就糊里糊塗、源源不斷地分泌出人的胰島素出來。

如何？原理是不是很簡單呢？

請你再想像一次上述的畫面，科學家是不是只用了四種工具，就可以把一隻不起眼的細菌給改造了呢？而且，這隻糊塗細菌從此開始替人類服務，成爲超迷你且永不罷工的製藥工廠。

帥吧！簡單又神奇！

瞭解了基因重組的方式與原理後，接下來，我們來看看到底什麼是「剪刀」？什麼是「黏膠」？什麼是「載具」？什麼又是「宿主」？

1. 剪刀——限制酶

事實上，「剪刀」就是細菌蛋白質所組成的限制酶（restriction enzyme）。它原是細菌和騷擾它們的病毒之間長期鬥爭下焠鍊出來的武器。這種酶會在入侵的病毒尚未取得主控權來把細菌細胞摧毀前，就把病毒的基因切割成碎片，以解除病毒的武裝。

限制酶怎樣扮演剪刀的角色呢？大部分的限制酶都會尋找DNA序列上的特殊部位下刀，這種特殊部位稱之爲迴文序列（palindrome）。例如某基因的左股中間有一段由下往上為-GAATTC-，而其對應右股之序列由上往下為-GAATTC-。而當限制酶辨識到這樣的序列，便會立刻毫不留情把DNA拆裂成兩截，露出兩邊一樣交錯序列的尾巴。

限制酶既然這麼厲害，那麼它會不會把自己的DNA也給剪成碎片？當然不會，因為每一種生物都會發展出一種自我保護機制，會生產這種限制酶的細菌，它會自行在迴文序列的某一個鹽基上加裝上一化學罩杯（學名為甲基化），俾讓自己整人時，不會傷害到自己。

目前已從各類細菌發現數千種限制酶其中製成商品在市面上可以買到的，少說也有兩百種以上。

2.粘膠——連接酶

DNA被切開後，如何「接枝」到另一條DNA上呢？

這時候，科學家就需要使用連接酶(ligase)了。顧名思義，連接酶是用來接合DNA用的，但是，被接合的兩條DNA必須具有對應互補的尾端（被同一限制酶切割後的DNA，就會留下可以對應互補的尾端），才能被連接酶連接。不過，這兩條DNA片段不一定要來自於同一物種。

不同來源的DNA片段被連接酶拼湊起來後，這條DNA在細胞眼中看來就顯得一如往常了。

3. 載具

載具就是載運工具的意思，也就是把外來的基因先放入載具裡，再讓它運送到細菌細胞裡。

載具是「重組基因技術」必備的工具之一。一般在細菌基因改造時，經常使用的載具爲一種稱爲「質體」的小型DNA環，也有人把質體戲稱爲細菌的「寄生蟲」。實際上它是遺傳物質，攜有遺傳密碼，只是它跟細菌的染色體比較起來，顯得非常小。質體不但會跟細菌的主染色體共存，而且當細菌要進行分裂時，它也會跟著主染色體一起行複製程序，並且像跟屁蟲一樣，跟隨傳遞到細菌的子子孫孫們，同時，質體所帶的基因也會表現出來。

也因爲這樣的特性，質體變成生命科學家改造基因的便捷工具，只要利用體外加工的方式，透過前述的限制酶（剪刀）及連接酶（粘膠）的「功夫」，就能把要送入菌體的外來基因先巧妙地挾掛進質體（載具）內，再設法讓它溜入細菌體（宿主）內，即可達到目地。

4. 宿主

宿主的主要功能就是提供軀體，讓改造的基因住進來，並且無怨無悔、任勞任怨地把基因的指令表現出來。這就像植物「接枝」的方式，將一個小段枝枒，接到另一株植物支幹上，並提供養份讓接枝者生長。

一般基因重組工程，最終的目的，就是要獲得一個穩定、高表現的「新品種」來爲人類服務。而這新品種也就順理成章地被稱爲「基因工程品種」。

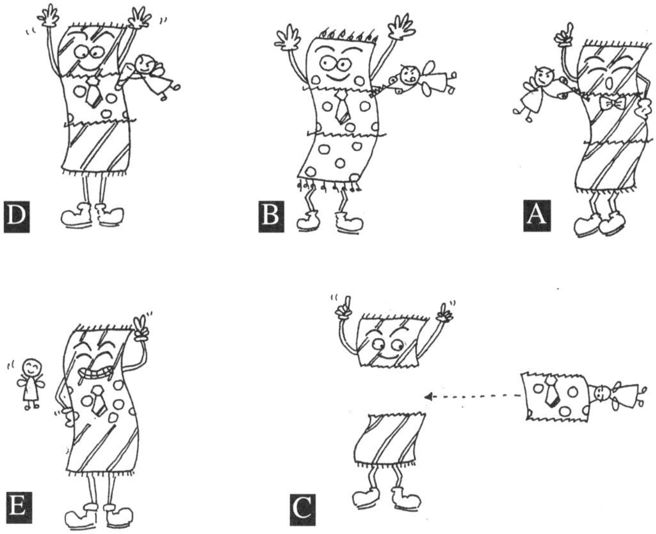

圖七　基因重組工程：

A：首先選用一個細菌質體當做「載具」，使用限制酶「剪刀」切開。

B：利用同一限制酶把人類的胰島素基因剪下來。

C：剪下來的胰島素基因，是準備用來放進原先已準備好的細菌質體中（即A）。

D：將胰島素基因與細菌質體「黏貼」。

E：改造質體混入大腸菌體內，成功轉殖成「基因工程」大腸菌。

科學家的大挪移神功

改造基因的目的是爲了要改造生命，但是要生命發生變化，就必須讓改造過的基因進駐到細胞中。而如何讓一個原本不是細胞體內的東西進入到細胞內呢？這就像一個陌生人突然要住到你家裡去，而且還要讓你不會覺得不舒服、能欣然接受，這當然需要一些技巧。

現在，我們就來看看科學家用什麼方式，把改造過的基因送入細胞內，來達到改造生命的目的。

圖八　把基因送入細胞內常用的方法：

1.凌波微步，伺機混入——轉形法（圖八a）

a.轉型法

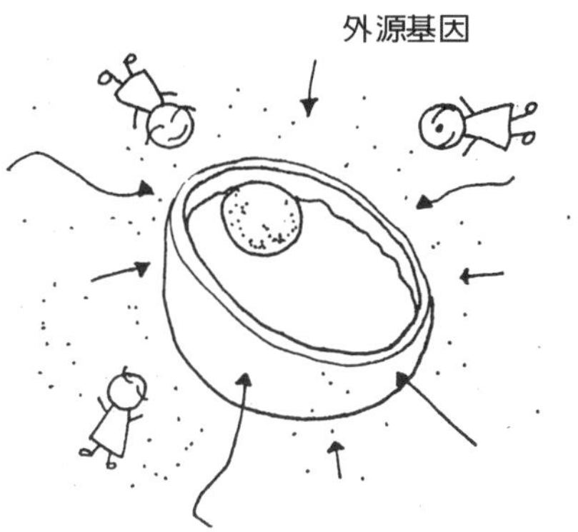

利用藉機混入的方式，把重組過（改造過）的基因，送入細胞內。這事聽起來有點怪異，但事實上並不是很困難。因為，不管是細菌或高等動物的細胞，其實都很容易把外來的基因併入到自己的基因組內。其大略方法就是利用各種不同的鹽類溶液（尤其是那些能把外源基因密集聚合在細菌或細胞表面的物質），讓細胞們會快速、而且欣然接受所有的DNA，甚至搞不清楚何者為天然的基因，何者為人工合成DNA片段或是經過重組過的質體。

b.原生質融合

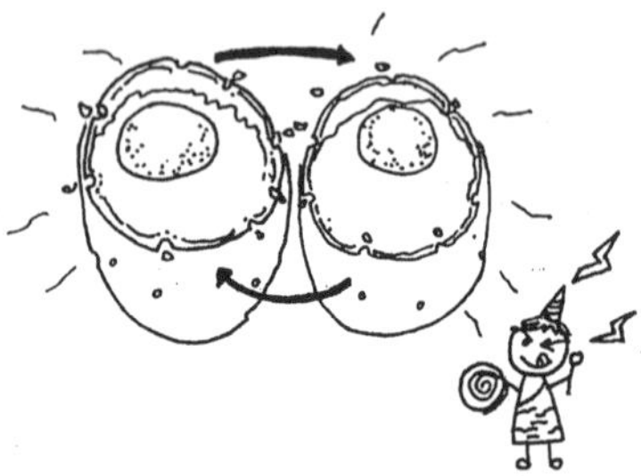

c.基因槍

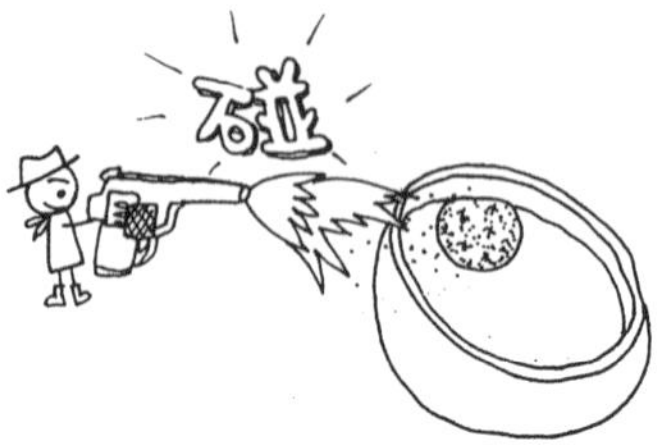

2.羅衫輕解，你儂我儂——原生質融合法（圖八b）

利用電壓穿孔或溫和化學溶解處理，讓欲改造的細胞及攜帶有外源基因的細胞表面，產生一些暫時性、若隱若現的孔疏現象，然後再讓它們緊密地依偎在一起，互相交換遺傳物質，就可以達到改造目的。

3.槍砲彈葯，命中要害——基因槍法（圖八c）

這方法有點奇特，就是把外源基因塗覆或包埋在微細金屬粒子上（如鎢或金粒子），然後利用機槍發射子彈或火炮的方式，把微粒打進動植物細胞核內。此一方法堪稱相當便利，只要對準位置發射就一次OK，標靶物可為數千個細胞、整個組織甚至動物的整個卵巢。

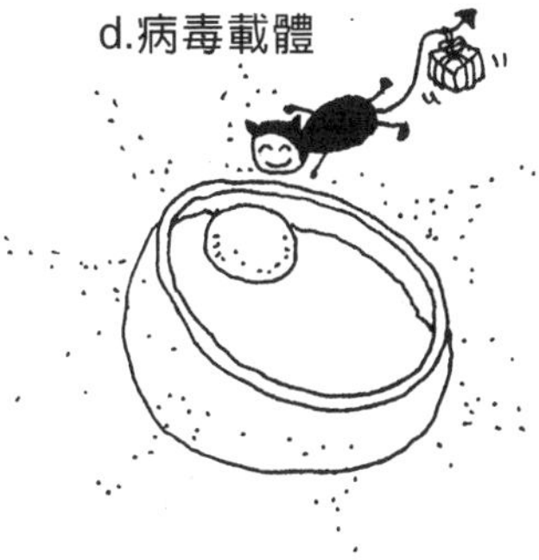
d.病毒載體

e.顯微注射

4.暗渡陳倉，木馬屠城——病毒載體或反轉錄病毒法（圖八d）

病毒具有感染力，因此只要將病毒的毒性削弱到某種程度、或是剪除致病的基因留下具感染力的基因，就可以利用病毒的感染力，把其所攜帶的外源基因送入細胞內。此法有點類似我們熟知的木馬屠城計一般。

5.大內高手，直搗黃龍——顯微注射法、精子載運法（圖八e）

顯微注射法是直接使用一支非常纖細的玻璃針頭，把裝載有外源基因的液體注入到細胞核內。這個方法需要在顯微鏡下操作，不僅技術要相當高超而且要有極大的耐心。注射後，細胞核看起來會有點腫脹，好像被蚊子叮過一樣，不過幾個小時以後，細胞會若無其事地，開始表現新加進來的外源基因。

精子載運法

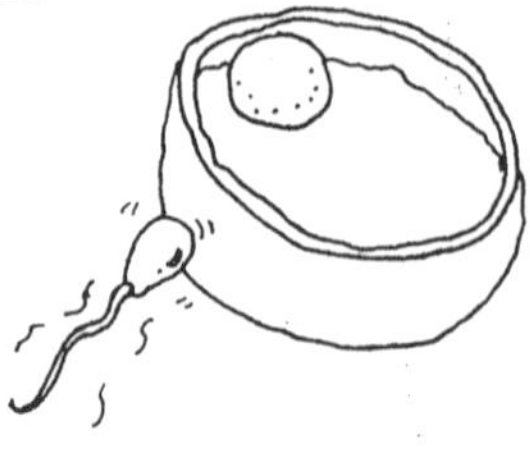

至於精子載運法，則是先將精子與外源基因放在一起，先讓外源基因混入精子，使其產生融合（轉形作用），再將轉形後之精子在體外與卵子結合，待育成胚胎後，送入子宮孕育。此種技術，特別盛行於水產魚類的基因工程改良，而且往往可以獲得頗佳結果，因為大部分水產魚類都是行體外受精的。

6.合招變幻，聯合運用——

有時單單應用前述某一種方法，成功率往往不盡理想。這時可以考慮組合以上數種方法，聯合變化使用，反正戲法人人會變，巧妙各有不同而已，只要能提高效率與成功率，沒有什麼不可以的。事實上，把基因送入目標細胞的技術，不斷有各種具創意的新方法或輔助儀器設備出現，而這些無非都是為了可以更快速、更精準，成功率及安全性更高的改造生命。

第八章

科學家已經改變了哪些基因

目前，已經有數百種經過基因改造的新品種植物問世。例如抗殺草劑的作物、抗菌及抗蟲害、抗霜害作物、耐乾旱、耐鹽分之基因工程品種等。亦有在後熟控制上改進品質的，如漿果類的成熟度控制；在花的香味或顏色方面進行改造，如香水百合、蘭花花色的多樣化等亦頗有斬獲……

科學家已經改變了哪些基因？

在前章裡，我們看到了科學家用他們的工具去改造基因，也了解到他們如何把改造好的基因「植入」細胞內。

在這裡，我們應該停下來想一想：科學家爲什麼要做基因的改造？總不會是科學家閒著沒事，所以拿基因來玩玩吧？當然不是這樣。

那麼科學家爲什麼要改造基因呢？有了改造基因的能力後，打算怎麼用呢？讓我們先來回顧人類農業發展史，我們就能理解科學家改造基因的目的與用途了。

基因工程改造傳統農業

人類由狩獵演化到使用簡單農具、於固定地點種植、且免受流離奔波之苦，這段歷程大約花了數萬年的時間，而其進展的單位大概以千年爲單位來計算。

有了初級農業以後，隨著耕作場所的集中化、區域化，接踵而來的便是與自然界中害蟲、害菌的長期搏鬥。對農人來說，除了天災地變的肆虐外，最可憐的狀況莫過於眼見農作物都快收成了，正感到欣慰可以溫飽一段時日時，沒料到卻在一夜之間，農作物竟然被蝗蟲或其他昆蟲侵害，短短的時間內就被那些不起眼的不速之客大快朵頤，吃得精光。再不然，就是辛辛苦苦種植的作物受到病害，數日之間癱瘓萎落，回天乏術，那眞是情何以堪。

近百年來，人類使出渾身解數，用盡各種可能的方法進行這場鬥爭，但是到今天，這場食物戰爭還是沒有停止過。

除了發展出大量使用化學農藥外，爲了維護辛勞的成果，農業專家開始有了雜交育種的觀念，想要用雜交混種的方式，創造出可以抗病蟲害、抗天災的品種，或是培育出能避開那些掠食對手繁殖期的改良強壯品種，以避免被大量啃食。

此種傳統育種雜交所導致的成果，是人類農業史上很重要的進步，大約以十年爲進展單位，發展可以說相當緩慢。

然而，隨著分子生物學的發展，尤其在一九八二年遺傳工程技術產品被美國FDA（食品藥物管理局）核准上市以後，事情就開始改觀了。

因爲基因工程讓人類掌握了一個超級工具，可以擺脫漫長且不大可預期的傳統育種技術，直接介入主導生命指揮訊息的基因改造，使得品種改造的時間縮短到數周、或數月就可以看到結果，而且通常都是在可控制、可預期的狀況下進行。

這樣的技術只不過是廿年前才開始發展，誰能夠想像再過廿年，人類介入操作物種的演化會到達何種地步？人類會不會因此創造出什麼驚人的物種出來？如果眞有上帝的話？是否會因此讓上帝抓狂呢？

人類已然突破緩慢、隨機突變的制約，而直接對生物的基因進行改造，成就是無法想像的，有人甚至擔心：會不會由於科學家不當的操作，而培育出什麼可怕的「怪物」，因此引起「自作孽」式的大災難？

改造細菌來製藥——轉殖基因細菌

最早成功而且獲准上市的基因工程產品，爲一九八二年首開先例的人類胰島素。這項工程的成功，甚至引爆了新生物技術與傳統生物技術的分野，也讓眾多科學家及葯廠紛紛跳入研究開發的行列。科學家稱這種基因改造成功的細菌叫做「轉殖基因細菌」或是「基因工程菌」。

有關改造大腸菌，用來製造人類胰島素的方法，在第七章已有敘及。繼胰島素後，隨後成功上市的產品，爲利用細菌來生產人類的生長荷爾蒙（hGH），以便用來治療侏儒症。以往，此類葯物必須由死亡不久的死屍之腦下垂體來抽取，來源不僅稀少，而且經常要面臨不尋常毒素或病毒污染的危險，因此這類葯品非常昂貴。

近二十年來，已有眾多利用基因工程菌生產的產品問世。例如，用來治療貧血的紅血球生成素（EPO）、治療癌症或病毒感染的干擾素（interferon）、溶解血栓、防止心血管疾病的人類組織胞漿素原活化素（tPA）、治療血友病的細胞第八因子（Factor VIII）等，不但爲相關疾病的患者帶來健康的希望，也爲葯商帶來可觀的收益。

不過，因爲細菌是屬於低等單細胞生物，雖然承接了人類的基因，並把它表現且製造出對應的蛋白質，但是因爲細菌的細胞構造與所處的環境與人有極大的差別，因此由細菌製造出來的產品，通常都需要再經過極爲繁瑣、耗費成本的後段加工程序，才能在人體內發揮應有的藥效功能。因此科學家便考慮轉往尋求較高等動植物細胞當做宿主，來生產較接近人類期望的蛋白質構形與功能的產品，於是，便有了基因轉殖植物或基因轉殖動物的研究出現。

改造植物——轉殖基因植物

在基因的操作上，以植物爲對象的研究算是比較容易進行的。

植物「組織培養」技術的日趨成熟，提供了基因改造的絕佳基礎，不需要花太大的力氣就可以把植物細胞的細胞壁剝掉，使細胞一一分散開來。接著，再把想要轉殖的基因組注入，然後在培養成分中加入一些植物荷爾蒙，就可以開始生長、分化，長成植株，變成整株的每個細胞都攜有「相同改造過的基因組」的完整「基因工程植物」。

目前，已經有數百種經過基因改造的新品種植物問世。例如抗殺草劑的作物、抗菌及抗蟲害作物、抗霜害作物、耐乾旱、耐鹽分之基因工程品種等。亦有在後熟控制上改進品質的成果，如漿果類（蕃茄、芒果、蓮霧、木瓜等）的成熟度控制，以降低儲運損失；另外在花的香味或顏色方面進行改造，如香水百合、蘭花花色的多樣化等亦頗有斬獲。最近也有人進行提升糧食品質功能方面的研究，如改造稻米，使稻米除原有成分外，尚能含有一些對人體健康有實質助益的成份。

此類改造植物的研究，除需具備精湛的技術外，尚需一些「創造力」的發揮，才可能有突出的結果出來。

另外，亦有一些尖端研究，期望利用短期內可以產生大量澱粉的馬鈴薯或玉米等作物，轉殖入某些已在細菌體內發現的生物可分解聚合物的基因，讓生產出來的馬鈴薯或玉米，變成「塑膠馬鈴薯」或「塑膠玉米」，期望用這些產品來解決日益嚴重的石化塑膠產品對環境的不斷傷害。

同時，爲因應將來必須面臨的能源危機，也有人研究把植物改造成可以生產能源基材，或分泌強力木質纖維酵素，如此一來，就可以把世界上產量最豐富，而幾乎沒有被利用的植物木質纖維素，轉化爲可用的能源。

改造動物體——轉殖基因動物

植物既然可以改造，同樣的，利用基因工程技術，也可以把外源基因送入動物細胞內，讓動物可以直接生產人類所需的蛋白質葯物，或改造動物體以符合人類所需要達成的目的，比如使肉牛的肉質更好、乳牛的產量更高等等。

一般而言，在處理動物的轉殖基因時，常用的方法有二種：其一，使用極細注射針頭的顯微注射法（直搗黃龍法），直接把改造過的基因注入動物細胞核內，使染色體發生重組；另一種方法，是反轉錄病毒（木馬屠城計），方法是把經過削去致病力的病毒當做載具，將外源基因輸進初期胚胎的細胞中，讓外源基因融入原來動物的基因組中。

轉殖基因動物的目標，可說範圍非常廣泛，目前可以看到的有：

1.用來提高產量——如肉豬，蛋雞及乳牛泌乳量等的產率。
2.用來促進魚類的快速生長。
3.改善抗病害的能力。
4.產生對人類有用的物質——例如將人類的血漿因子基因併入豬的基因組中，讓「轉殖基因工程豬」產生可以與人通用的人類血清，解決血荒的問題；或將人類母乳的基因改造進乳牛（羊）的基因組中，使其分泌出來的牛（羊）奶具有接近人類母奶的品質。
5.可用來產製高價的蛋白質葯物——例如將人類組織細胞原素活化因子（tPA）、紅血球生成素（EPO）、白介素（interleukin）、干擾素（interferon）等基因，分別轉殖進入乳牛的基因組中，產生兼具營養與療效的新機能性乳品。
6.在水產類中，主要集中在防治水產魚類之抗病害及抗寒害問題上。此類轉基因技術在魚類尤其容易進行，因爲大部分水產魚類係行體外受精，而且在水中發育，不必再費力把改造過的基因送入體內孕育。

能做複製羊，能不能改造人？

「複製人」跟「轉殖基因人」，意義上有很大的不同。

「複製人」就是一模一樣的複製；「轉殖基因人」則是因應某目的予以改造。

由複製羊「桃莉」的做法，我們瞭解到那代表的是「無性生殖」的方式，是以偷天換日的手法，把胚胎細胞內的細胞核調包，換成取自成羊體細胞內的細胞核，並於體外培育成胚胎，再放回代理孕母的子宮內，讓它自然孕育而已。因此當成功培育成一完整個體時，其所攜帶的基因跟親代是一模一樣的。

但「轉殖基因人」則不然，它在已成功受孕的受精卵上動手腳，把基於某個目的所特製的DNA序列注入胚胎細胞核內，加以改造後再放回孕婦子宮，同樣經過懷胎過程再行產下。

因此，轉殖基因人的做法，事實上保留了「有性生殖」的優點，再加上人爲的方法除弊興利，可以得到較理想的結果。

想想看，如果生命科學已進展到可以拍胸脯保證，將某個修改後的基因序列注入受精卵後，一定可以阻止某個遺傳性疾病的發生，或者可以修改某個不良性狀基因的話，這將是一件造福人類、功德無量的事。

這種技術可行嗎？理論上和實際上都應是沒有問題的。

試管受孕已有十年以上的成功經驗，技術已相當的成熟。每年有數以千計不孕夫婦，因此如願以償的獲得了健康寶寶。更進一步，當精子和卵子在試管中成功受孕後，受精卵被植回母體子宮前的幾個小時，甚或幾天的時間裡，只要運用我們在前面舉例的一些「挪移神功」，想辦法把事先改造好的基因序列安全送入胚胎細胞核，就能達到目標了。

註：

「轉殖基因」一詞是由英文transgene翻譯而來的。它的字義很容易由字首及字尾來推敲——「trans-」意思為轉移，「gene」為基因的意思，組合起來就是將基因從一個物種的細胞轉移到另一個物種的細胞。

第九章

生命科學的應用——DNA比對與鑑定

只是一滴血、一根毛髮、一小片皮屑，可以做什麼呢？對科學家來說，即使只是一滴血、一根毛髮、一小片皮屑，經由「DNA比對與鑑定」科技，也可以從中找出有力證據，讓凶嫌無所遁形……

生命科學的應用——DNA比對與鑑定

科學家既然能夠在基因上頭動手腳改造生命，那麼可不可能以這些相關的基因技術進行其他應用呢？

近年來，我們經常看到一些重大刑案的報導，如毀屍滅跡、空難、強暴或親子鑑定等，無論是嫌犯的追緝或罪犯的認定，都有可能需要科學上的證據，這個時候，最有效的方法，就是所謂的「DNA比對或DNA鑑定」。

「微物」證據

一九八七年，台灣發生震驚社會的桃園縣長劉邦友等人被以手槍近距離格殺的案件，由於歹徒非常小心，現場幾乎沒有留下任何證據，加上警方急著救人，破壞了許多可能可以破案的線索。後來，警方從美國請到國際知名的刑事專家李昌鈺博士，希望借助他的豐富經驗，對膠著的案情會有所幫助。

當時，李先生所做的第一件事，就是回到命案現場，重新尋找證據。那時許多人都覺得，李博士這樣做很奇怪，因爲案子已經發生一段時間了，和命案有關的現場、交通工具、可能是歹徒留下的衣物等等，警方都不知已經檢查過多少次了，難道李博士眞有通天本領，可以「看到」別人看不到的東西。

事實上，的確如此，李昌鈺博士面對大眾媒體的疑問時說，任何的東西都可能是線索，他相信台灣警方已經盡心盡力了，不過，他在找的是「微物」證據。所謂的微物，就是那些很小很不起眼的東西，這些東西，可能只是一滴血、一根毛髮、一小片皮屑。

只是一滴血、一根毛髮、一小片皮屑，可以做什麼呢？

對科學家來說，一滴血、一根毛髮、一小片皮屑的意義，和一個人的意義是完全一樣的。

也就是說，即使只是一滴血、一根毛髮、一小片皮屑，經由「DNA比對與鑑定」科技，也可以從中找出有力證據，讓凶嫌無所遁形。

那麼，「DNA比對與鑑定」到底是怎麼一回事呢？它的理論和方法又是如何呢？

獨一無二的生命密碼

我們每一個人的生命密碼（全套基因組）都是獨一無二的。對於沒有血緣關係的兩個人來說，平均每一千個鹽基對，就有一個鹽基對會不一樣。

連血緣最相近的兄弟姊妹，都會從雙親那裡遺傳到不同的基因組合，因此，除同卵雙胞胎外，任何兩人的DNA序列都是不同的。

不同個人之間的DNA序列差異，在技術上，可以藉由限制酶（剪刀）的切割，然後加以放大，因而形成可以判斷的根據。

限制酶的作用原理，是利用一種限制酶只會對DNA序列上的某一個特定結構發生作用，因此，使用不同的限制酶，就可以將DNA切割成特殊的長短。

最簡單的理解是，相同的DNA，在相同的限制酶的作用下，它被切割出來的長短，都是一樣的。而相同的限制酶作用在不同的DNA序列中，就會得到不同的結果。

假設，我們現在有甲、乙兩段不同個體的DNA序列，而這兩個序列中，只有第三十三個位置有一個鹽基不同（甲序列爲T，乙序列爲G），其餘都一樣。這時，我們用兩種可以辨識及切割不同位置的限制酶來切割這兩段DNA，限制酶內切G↓AATTC的部位，限制酶丁切AG↓CT的位置。切割之後，甲乙兩段DNA就會產生不同的變化。

甲序列經過兩種酶切割後，會產生五個片段；而乙序列則只產生四個片段，且其中含一較長片段（因爲GAATGC位置無法被切斷）。因此我們可以判斷，這兩段DNA並不屬於同一人，科學家就是利用這種切割後的差異，來判斷兩段基因是不是一樣。（圖九）

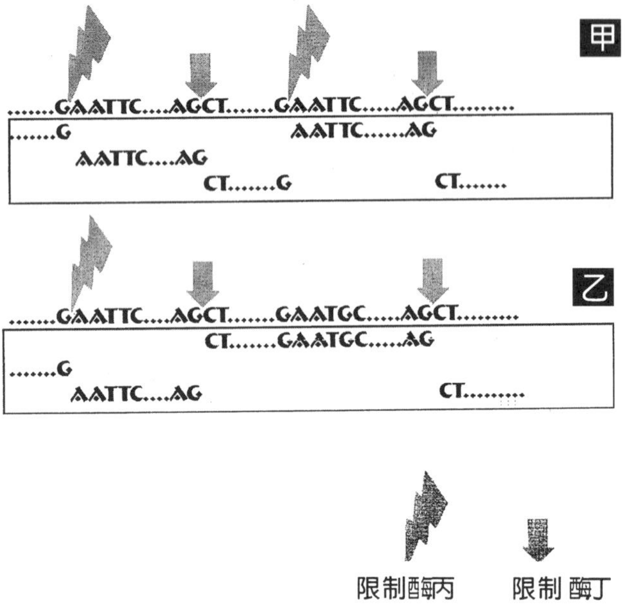

圖九　限制酶切割產生不同長度的DNA

當然，更細微精緻的判斷，還需要更進一步的方法和技術，目前，已經有幾種方法是很成熟的。

PCR的威力與電泳技術

由於一個細胞內的DNA非常小，因此，如何使DNA的量達到可以檢驗或實驗的規模，是DNA相關科技發展中，一個很大的瓶頸。

幸運的是，在一個偶然的情況下，有點像蘋果打到牛頓的頭，而發明萬有引力一樣，美國一位科學家發明了大量複製DNA的技術PCR。

PCR，是聚合酶連鎖反應（Polymerase Chain Reaction）的簡稱，是一種可以在短時間內大量複製DNA的技術。爲近十年來生物技術重大發明之一，是美國加州西塔司（Cetus）生技公司研究員幕里斯（Kary Mullis）博士於一九八三年提出的構想。

有一天，幕里斯開車在公路上奔馳，看見對方車道的車潮不斷向他的車後倒退，高速公路和DNA似乎沒有什麼關連，但奇妙的是，他突然頓悟複製D

NA的方法。

原來，高速公路的景象，啓發他把DNA從兩股分開，然後針對單股進行複製。

幕里斯想到，如果把DNA的雙股分開，然後讓分開的兩股DNA各自同時附上「引子」（primer,一種特殊的單股短核酸序列，可以以互補對稱方式黏附在已解開的DNA單股上），DNA聚合酵素就可以繼續合成，這樣一來，就是有兩股DNA在同一時間進行複製。

接著，再把新製造好的兩股分開，又可以依樣畫葫蘆，不斷地以倍數增加的方式複製下去。複製一次變二條，兩次變四條（2^2），三次變八條（$2^3=8$），二十次可獲一百萬條（2^{20}），三十次可獲十億條DNA。

就在高速公路車潮「情景」的激發下，幕里斯成就了震撼科學界的偉大發明，除了個人爲公司賺來可觀財富外，他本人也因而名利雙收，更榮獲一九九三年諾貝爾化學獎。

PCR反應的過程大致上是這樣的：首先，加熱將DNA兩股分開，隨即降溫，以便加入「引子」、DNA聚合酶和配對鹽基材料（A、T、G、C），使之進行反應。引子會先粘附在單股DNA的互補對應鹽基上，這個時候，DNA聚合酶把相對應之鹽基材料，從引子開始，一個個地接上去，待接到某一長度後，再加熱使新生成的兩段雙股DNA再度分開，隨即又降溫，因溶液中的引子及鹽基材料耐熱又可重覆使用，所以只要控制昇溫及降溫操作，就可以不斷地重覆複製。

就這樣，每循環一次，就以二的倍數倍增。因此，只要非常微量的一點點樣本，如髮根、血液、精液、羊水等等，都可以在短時間內把一條DNA無限量放大。目前最新式的PCR儀器可以在七分鐘之內，把一條DNA增殖到十億條，其效率之高，實在很難想像。

因爲PCR可以快速複製DNA的強大功能，使得科學家能夠在只有一點點DNA的情況下，複製出足以做各種檢驗的DNA，因而可以作爲判斷的根據。

電泳技術

前面曾提到，利用限制酶把DNA切割成長短不等的小片段來進行判斷，那麼究竟要怎麼做，才能把那些片段分開，並加以檢視呢！科學家用的就是一種稱爲電氣泳動法的電泳技術。

我們可以這樣理解，一群高矮胖瘦、老少強弱的人一起參加游泳比賽，他們在一條較寬水道向前方目標奮力游去，當游得最快的選手快要到達終點前，突然讓所有參賽者停留原處。這時，我們看到的，是所有選手前前後後各自散開在水道上。

DNA的電泳就是類似這種情形。把DNA片段置放在通有電場的多孔性洋菜凝膠片的一端，因DNA帶有負電荷，當通電後，DNA片段就會朝正電極的對面端移動，因爲必須在洋菜膠的孔隙間鑽進鑽出向前移動，因小分子受到的阻礙較小，會跑得比較快，較長的片段則速度較慢，檢視時只要用螢光劑把DNA片段染色，再以照射紫外光燈，就可以顯示出大小不同的DNA片段分別聚集在洋菜膠上，形成所謂的分散電泳帶（bands），就可以輕易地比對出兩條DN

A的異同。

DNA指紋與染色體比對

不同個體間DNA序列的些微差異，都可以藉由限制酶的切割使之形成長短不一的基因組片段，再利用電泳技術呈現電泳帶。

這個電泳帶可以作爲許多DNA判讀的基礎。

科學家用一種稱爲「多形性狀衛星探針」的特製探針，與泳帶上的DNA片段產生雜交，可以揭露出不同個體DNA間的基因組差異模式，這種方法稱之爲「限制酶切割片段長度的多形性狀」（restriction fragment length polymorphism），簡稱RFLP。

一般法醫學上用來進行染色體比對，鑑定「檢體樣品」與「原持有人」之間的關係就是用這種方法。一般我們在媒體上看到的「DNA鑑定」，就是這種方法。RFLP可以鑑定強暴案或凶殺現場遺留的可疑的DNA，和嫌疑犯的DNA是否有任何異同，也可以用來分析鑑定親屬血緣之間的關係，及是否有攜帶遺傳性疾病的基因等等。

另外，有一種更方便、快速且價廉的DNA鑑定技術，稱爲「不定數目的重覆序列分析」(variable number tandem repeats)，簡稱VNTR。它是利用前述的PCR放大技術，把存在於每個人基因組中散佈在各處的重複、簡短序列加以放大，再進行分析。做法爲利用PCR來放大三個或四個VNTR，然後再使用電泳技術，使大小不同的DNA片段跑出不同的電泳帶。由於每個人的電泳帶樣式都不一樣，我們就可以用此法得到一份個人特有的泳帶圖，這有點類似超市商品印上的條碼標籤一樣，只要一經掃瞄，立刻就顯示出條碼所代表的意義與內容，這種方法就是俗稱的「DNA指紋」。

據說每一個人的指紋都是獨一無二的，但目前還沒有方法證明世界上眞的沒有兩個人的指紋完全相同。而且，在技術上，指紋的複製非常容易，任何人只要用一點點蠟，就可以複製出一模一樣的指紋來。

因此，在許多推理小說和電影中，我們都可以看到聰明的罪犯如何用複製指紋的方式，去矇騙警方或陷害別人，也因此，指紋甚至失去了最基本的識別功能，而DNA是每一個人眞正獨一無二的生命密碼，也因此DNA成爲最有科學根據的「指紋」。

高速公路與DNA

1. 蘋果打到牛頓的頭，結果，牛頓發現萬有引力。

1

2. 有一天，美國加州西塔司（Cetus）生技公司研究員幕里斯開車在公路上奔馳。

2

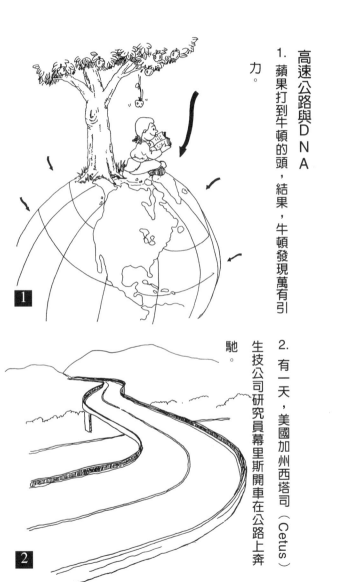

3. 他看見對方車道的車潮不斷向他的車後倒退。

3

4. ．高速公路和DNA似乎沒有什麼關連，但奇妙的是，他突然頓悟複製DNA的方法。高速公路的景象，啓發他把DNA從兩股分開，然後針對單股進行複製。

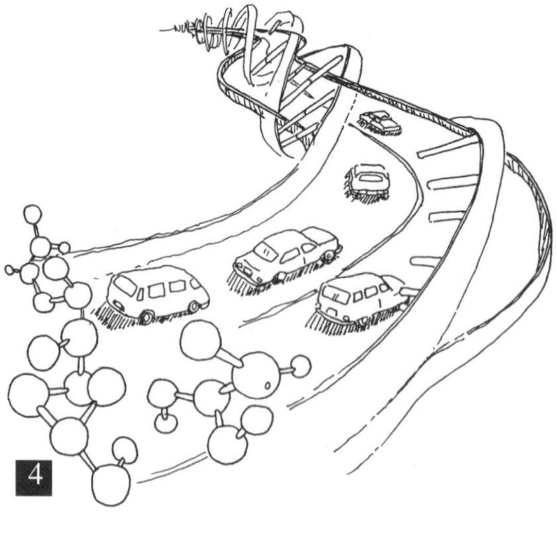

4

第十章

人類基因組解讀計畫

人類基因組解讀計畫完成以後，如果把那含有三十億個基因密碼序列印成書本的話，以每頁二千字，六百頁裝成一本的話，足足可以印成二千五百本由AGTC四個密碼排列的「天書」。如果儲存成電腦檔案的話，足足可以裝滿一顆3G的硬碟……

人類基因組解讀計畫

科學家在生命科學上的努力，不僅可以用來製藥、改造動植物，甚至複製生物、做DNA比對鑑定，但科學家是否就因此而滿足了呢？

當然不是，科學家還有一個夢想，那就是「人類基因組解讀計畫」。

在介紹「人類基因組解讀計畫」前，我們先看看什麼是基因組。

何謂基因組？

簡單的說，「基因組」就是一個細胞內所有基因的總和。所有生物的生命表現，正是由於「基因組」的作用。

有什麼「基因組」，就會產生什麼樣的生命個體。

所有的生物個體，除生殖細胞及少數成熟的紅血球外，所有細胞內都儲存有一套完整的基因組——染色體，基因組就是一個生命所有遺傳資訊的總和。

每一個人，都有自已的特色，無論是智力、相貌、皮膚、個性、身高、體重，可以說都不一樣。即使同卵的孿生子，除了外貌比較相像之外，也有許多的不同。造成這些不同的原因，正是基因的作用。

因此，我們可以了解，人類基因組的「樣式」幾乎是無限可能的。想想看，全世界有幾十億人，但除了同卵雙胞胎之外，卻沒有兩個人的基因組是完全一樣的，基因組所可能發生的作用，就可想而知了。

每一個新生命出生，便代表一個獨特基因組的問世。換句話說，地球上有多少人，就有多少種基因組，唯一例外就是同卵雙胞胎，他們有相同的基因組，耐人尋味的是，即使是同卵雙胞胎，他們最後所表現出來的現象也可能不一樣，爲什麼有同樣的基因，卻有不同的生命表現，究竟基因如何對生命發生作用，這實在是非常令人好奇。

如果，可以解讀人類基因的作用，那麼，我們是不是就有機會了解生命的本質呢？

從基因的排列去了解生命，多麼不可思議的事，然而，這個偉大的工程正在此時此刻進行著。

華生和克里克的偉大功業

人類第一次對基因理化性有深入的了解，知道基因「可能」長什麼樣子，如何產生作用，是由於詹姆士·華生（James Watson 1928-）和法蘭西斯·克里克（Francis Crick 1916-）兩人所共同發現的「雙螺旋結構」。

一九五一年，克里克和華生一起在英國的卡文第席實驗室研究DNA，當時克里克三十五歲，剛剛開始他的博士課程；而華生才二十三歲，已經得到博士學位。克里克原來的專長是物理，華生則研究遺傳，好玩的是，他們兩人對他們的研究工作——結晶體的化學和物理分析，都沒有專業的背景，他們靠自修來學習工作所需要的知識和技巧。

根據華生和克里克的回憶，他們兩個人在一九五一年十月第一次見面的時候，就發生了很不尋常的事情，因爲他們發現，他們兩個人對DNA、基因和遺傳的看法，「幾乎完全相同」，他們深信，DNA的結構，是生物學的基本問題，更可能是生物學最基本的問題。

由於當時被公認的，世界上最偉大的生化學家林納·鮑林也在研究DNA

的組成方式，因此，華生和克里克碰到的，可以說是一場最大的競賽。而贏得這個競賽最好的方法，就是建立模型。當時，生物學家並不了解建立模型的技術和重要性。

爲了建立適當的模型，克里克和華生可是吃足了苦頭。

華生剛到劍橋的時候，租了一個公寓，由於他在晚上九點以後回到住處沒有脫鞋，忘了太晚的時候不可以沖馬桶，以及晚上十點以後還經常外出，以致只住了一個月就被他的女房東趕了出去。

後來，華生向他的同事分租了一個潮濕而簡陋的房間，之所以不得不住在那樣糟糕的環境裡，是他原來的經濟來源——國家研究評議會提供的研究獎助金並未獲得延續。

一九五三年，經過無數次的失敗和參考當時許多科學家的意見與成果，華生和克里克終於利用錫棒和厚紙板，做出DNA雙螺旋的模型，把所有遺傳的法則，用模型具體的表現出來，他們的模型不僅解開了基因的化學結構之謎，同時也揭示了基因攜帶的遺傳訊息，如何進行完美的自我複製，如何精確地代代相傳。他們的研究成果，被譽爲二十世紀最偉大的生物冒險，也由於這個成就，他們因而同獲一九六二年諾貝爾生理醫學獎。

華生和克里克兩人爲現代分子生物學奠定了關鍵性的根基，而華生的一生，更可以說涵蓋了整個DNA的時代。

一九八四年，華生任職冷泉港研究所所長，美國國家衛生研究院聘他出任第一任「人類基因組研究中心」主任，進行劃時代全面性的人類DNA定序，也就是所謂的「人類基因組解讀計畫」。

「人類基因組解讀計畫」預計以十五年的時間完成，完成目標定爲二〇〇五年。

至於克里克，因他的專長在物理學，他後來轉往潛心研究腦部結構，及如何記憶、思考等領域。讀者如想要進一步了解他在這方面的心得與他的睿智思維，可以參閱《驚異的假說》這本書。

生命密碼有多大？

在華生及克里克所建立的基礎上，後來的科學家逐漸能掌握「控制及指揮生命」的遺傳密碼和動作原則，不僅是遺傳訊息代代相傳的方式，個別基因的結構、功能以及調節方式，都逐漸掌握清楚。

由於衆多科學家的參與，實驗技術及工具、儀器越來越精良，以前被視爲「不可能的任務」的分子生物技術，在短短十數年內突飛猛進，並普及到大部份的實驗室，甚至成爲「雕蟲小技」了。

事實上，基因工程的技術，大部份都可由機器代勞，科學家所該做的，反而是如何發揮創造力，去創造出更有意義的事情。

自七〇年代開始，科學家就多方嘗試，想知道可以表現生命的生物個體，所攜帶的基因究竟有多大，是否可以把密碼序列完全弄清楚？

「由簡入繁」是我們大多數人解決問題的基本概念，生命科學家當然不例外。因此，第一個被選來解構基因序列的，是名爲「ψx174」的噬菌體病毒，之所以選這個病毒，是因爲它老兄的構造非常簡單，簡單到只是裹著一件蛋白質的外衣及內部少得可憐的遺傳密碼而已。

「φx174」在一九七七年被英國劍橋大學的聖格（Frederick Sanger）教授所主持的研究團隊完全解出，其「基因組」數目只有五三八三個，在一九五八年已經獲得諾貝爾化學獎的聖格教授，以這個空前的基因解讀計畫第二度獲得一九八〇年的諾貝爾化學獎。

再後來，被完全定序的，是比較複雜的天花病毒，有十八萬六千個密碼；然後，是粒線體，含有十八萬七千個密碼，以及葉綠體，含十二萬一千個密碼。

這些最先被定序的，都只不過是胞器及介於「生物」與「非生物」之間的病毒而已，它們都還不能獨立自己完全表現生命。科學家先從這些比較簡單的對象著手基因定序，待技術成熟後，就轉往研究較複雜的生命個體。

能獨立表現生命現象的生命個體，第一個被完全定出基因序列的，是名爲嗜血感染菌Rd，總共含有一百八十萬個密碼。

以電腦術語來比喻，這一百八十萬個密碼簡稱1.8Mega，1.8M的數字好像很龐大，但一個1.8M的程式，還不到我們目前所熟悉的視窗95的幾十分之一。

然而，這1.8M的遺傳訊息，就已經可以演出一場完整生命劇本，包括表現生命所需的物質合成、代謝、能量產生、複製、分裂、感染等。

表現生命的基因可以被完全定序之後，科學家很自然的把目標移向人類，因而產生了複雜艱鉅的「人體基因的解讀計畫」。

人類生命密碼將在二〇〇五年被解讀完成

我們人體大約是由一〇〇兆（10^{14}）個完全分化的細胞所組成。

人體的細胞雖然數目非常龐大，但除了極少數已成熟的紅血球外，每一個細胞，不論它最後分化成什麼樣的形式，或者扮演什麼特別的功能，如肝細胞、腦細胞、腎臟細胞、皮膚細胞等等，所有的細胞都含有一個細胞核，而每個細胞核內，都儲存著一模一樣的遺傳訊息。

這些遺傳訊息，就是人的「基因組」。「基因組」大約由三十億（3G或3000M）個遺傳密碼所組成，這些遺傳密碼大約可以組成十萬個基因以上。

從一九八六年「人體基因解讀計畫」剛剛開始蘊釀，各界人士經由各種公開討論，有非常不同的反應；有人認爲，對那麼大量的遺傳密碼定序，是件極爲枯燥、乏味又花錢的工作；也有人擔心，讓年輕的科學家去執行那種工作，簡直在浪費人才、抹殺他們的創造力。然而大多數人還是樂觀其成，認爲這是一個對人類生命進行一次最徹底瞭解的機會。

由於困難度太高，也有人把「人體基因解讀計畫」比喻爲生物學家的「登月計畫」。

不過無論如何，「人體基因解讀計畫」終於在一九八九年，在美國國家衛生研究院的支持下順利進行，預計以十五年時間花數十億美元，於公元二〇〇五年完成這個「不可能的任務」。

由於「人體基因解讀計畫」的初始，是起源於華生博士的諸多妙想，再加上他的個人的聲望和才華，華生理所當然成爲該計畫的第一任執行負責人。

不過，後來因爲美國國家衛生研究院執意堅持腦部基因的專利權申請，華生憤而辭職。華生認爲，腦部基因是人類共同財產，不論那個國家、那個政府與個人都沒有權利獨享。

下一步，還有什麼事可以做？

人類基因組解讀計畫完成以後，如果把那含有三十億個基因密碼序列印成書本的話，以每頁二千字，六百頁裝成一本的話，足足可以印成二千五百本由AGTC四個密碼排列的「天書」。如果儲存成電腦檔案的話，足足可以裝滿一顆3G的硬碟。

解開人類基因的排列順序，當然是非常偉大的工程，然而，科學家這樣就滿足了嗎？

單單知道人類基因的序列，或者了解那十萬個基因組內容，還是不夠的。科學家更想知道的，其實是每個基因扮演什麼角色，它可以有什麼功能？什麼時候該什麼基因出場表演？個體間基因的差異代表什麼意義？人類和其他物種間有無演化上的共通之處等等。

只有了解基因在做什麼，在什麼時候發揮它的特定作用，我們才有可能了解生命的運作。

當然，我們可以想像，也許科學家最有興趣的，莫過於表現「腦部功能」

基因的訊息究竟是什麼？或者，有關主導「人性」的基因位置在那裡？

第十一章

生命複製的意義與無限商機

某些藥廠已成功地使用重組基因工程技術，製造高價藥物，如治療侏儒症的人類生長激素、治療貧血症的紅血球生成素、心臟病發作急救的人類組織胞漿素原活化劑與治療糖尿病的胰島素等，這幾種葯物就創造出年銷售額數百億美金（一九九五年全美估算值）的市場價值……

生命複製的意義與無限商機

隨著改造生命的技術日益成熟，人類基因組解讀得更徹底，未來各種前瞻性科技都將朝著生物技術產品的方向匯集。

「生命複製」潛藏無限的商機與利益，某些藥廠已成功地使用重組基因工程技術，製造高價藥物，如治療侏儒症的人類生長激素（hGH）、治療貧血症的紅血球生成素（EPO）、用來急救心臟病發作的人類組織胞漿素原活化劑（tPA）與治療糖尿病的胰島素等，這幾種葯物就創造出年銷售額一三〇億美金（一九九五年全美估算值）的市場價值。可以預見，這種趨勢會越來越明顯，競爭也會越來越激烈。有人甚至把這種生物技術比喻爲下一波「國力競賽」的標的。

究竟，生物科技對人類有何正面的意義呢？

活體製葯工廠

在第七、八章介紹科學家把玩生命的「功夫」時，我們曾經以胰島素的製造為例做說明。其實，那就是生命科技正面意義的一個例子。

我們可以利用操縱生命的功夫，來改造生物體如細菌、酵母菌或動、植物細胞等，把我們期望的基因密碼加入，然後大量培育這些改造過的活體細胞，使其源源不斷地生產我們需要的物質。用這種方式所製造出來的產品會隨著人類「基因組」被解構、掌握得愈徹底，而會有愈來愈多產品問世。

低等生物的細菌細胞，畢竟與人類細胞不同，由「基因工程細菌」製造出來的葯物，尚需經繁複的再加工程序，除去有害的雜質，包括可能的毒素、病毒或菌體，與分子構造的重整等，才有可能成為商品。否則，如果這類基因工程產品不慎含有致死或致癌成分，應用在強制性疫苗接種用途的製劑時，後果就不堪設想。

因此，也有人考慮直接把動物體細胞進行改造，並且加以大量培育，此種把動物細胞直接當作「活體製葯工廠」有其極具吸引力的優點，如安全、蛋白質結構與功能可以保證，後段加工程序較容易控制等，可是成本高昂及培養基質原料來源（如血漿）不易獲得等，也是很大的問題。

另外，也可以利用動物體直接當製藥工廠，譬如說，我們可以把一些人類需要的特定化合物的基因，注入牛或羊的乳腺細胞中，如荷爾蒙、凝血因子，細胞素等，讓動物體在分泌乳汁時，也可以同時生產我們要的東西，那麼只要把那杯牛／羊奶喝下，就可以順便把治療的藥物吸收進去。

提高農產品品質

改造生命的「重組基因工程」技術，即使不是用來處理人類的基因，或是直接提煉成葯物，也一樣能爲人類帶來正面益處，創造出可觀的商機。比方說應用在農作物方面：

1. 改善農作物對抗惡劣環境的能力

- 抗惡劣環境－如抗霜害、耐旱、耐熱、耐鹽的新品種。
- 抗病害－如抗菌、抗蟲、抗殺草劑的基因工程新品種。

2. 提升農作物的品質與產量

- 耐儲運及後熟控制——如蕃茄、香蕉等漿果類產品之品質提昇及成熟度控制。
- 改變花色、香味。
- 含「補葯」的農產品——米飯也可當「葯」吃，蘿蔔可以當「人蔘」賣等，未來這些都不再只是夢想。

醫療診斷與檢驗

基因診斷

生命的發生由「機會」決定，也就是說生命是「機率」問題。因爲生命從成功受孕開始，但是準父母並沒有辦法任意挑選雙方都認爲好的基因傳遞給未來的兒女，好比說，媽媽的美貌、細心、菩薩心腸，爸爸的敏銳觀察力、聰敏與帥氣等，他們的子女可能同時具備父母的優點，但也可能都沒有父母的長處。因爲，精、卵細胞在進行減數分裂，由雙套染色體變成單套時，己發生過極爲複雜的隨機重組了。

如果說一滴精液裡含有上百萬數目的精子時，就有上百萬種不同的基因組合，我們簡直無法想像，要如何挑選那一隻合準父母理想規格的品種來上疊。至於卵子，選擇的機會更是少得可憐，因每月只能提供一個卵，不要的話還得再等一個月。何況即使成功受孕了，到了要表現性狀時，又有顯隱性的問題。雖然在受孕前挑選基因的困難度極高，目前不太可能做到，但是，成功受孕後，要知道受精卵的基因組合結果，卻是很容易辦到的。只要在懷孕三個月左右，抽取羊水或極微量檢體細胞，進行DNA分析或染色體形狀與特徵分析即可判斷。

目前已有許多產前檢驗，及先天性遺傳疾病的常規檢驗，在各大醫院及診所實施，如地中海型貧血、鐮刀形紅血球疾病篩檢、苯酮尿症、戴薩克斯症等等。可以預知的是隨著疾病基因的瞭解愈多，產前篩檢的項目會更完整，無法治癒的先天性殘疾人口會愈來愈少。

基因治療

我們如果很清楚知道疾病係導因於病患某一個基因的DNA序列上出了問

題，如基因有部分缺損或錯誤的話，那我們僅須修補該段基因，使之恢復正常即可。此種以修補基因方式來治療疾病的方法，稱之爲「基因治療」。

這幾年來，科學家一直在研究如何利用基因來治療種種人類的疾病。但截至目前爲止，尚未有驚天動地的成果出現。事實上，由於基因缺陷所引起的疾病相當複雜，以發病的時期來分類，我們大概可以把它區分爲先天性疾病及後天性疾病。

先天性疾病導因於基因出錯的部分，又可以略分成下述三種情況：

1. 單一基因出錯：一般而言，突變的機率大約是千分之二，已知大約有四千多種疾病與此有關，如先天性心臟病、地中海型貧血、苯丙酮症等。由於只是單一基因出差錯，這一類的疾病較容易處理。

2. 多基因出錯：這類疾病比起單一基因出錯更爲複雜，修護起來更爲棘手自不在話下，困難度理所當然更高。已知約有五十種的疾病與此有關，如心臟病、高血壓、糖尿病、癌症等。

3. 整段染色體錯亂無章：這類疾病的發生率大約萬分之七左右，萬一發生的話不是死胎、早夭，就是先天性畸形。

後天性基因疾病主要導因於病毒或化學藥劑，高能物理放射線如X光、紫外線等，引起感染或突變。如病毒所引起的肝癌、淋巴癌、鼻咽癌、後天免疫不全症、子宮頸癌等。

目前治療這類後天性基因疾病的策略，大都集中在「中止法」的應用。此一方法中，細胞內有一種名爲「P53」的蛋白質，扮演相當重要的角色。P53是眾多抑癌基因中，最重要的一種，它的任務是阻止細胞的分裂。我們都知道癌細胞是一種失控的細胞進行無止境分裂的後果，一旦細胞的分裂受到中止，則癌細胞因無法增生，而被制止。

另外，也有人使用以毒攻毒方式，造成癌細胞的解體死亡，如利用突變加工過，無致病性的腺病毒當載體，攻入癌細胞中，進行一場比癌細胞更快速的分裂增生，引起癌細胞搶不到材料而衰亡、崩解。

癌症研究

所謂「癌症」，我們可以把它想像成「失控的細胞分裂」。在我們身體內，正常的細胞很少分裂，但也有一些細胞需要定期分裂的，如皮膚及腸道內膜細胞。當我們身體內長出一團不斷增大的細胞時，我們稱這團細胞爲「腫瘤」，一般腫瘤細胞是以等比級數速度增長的，它們倍增一次的時間大約一天。

由一枚因突變或被癌病毒感染的細胞開始失去控制，死命地不停分裂時，大約三個禮拜的時間會長成針頭大小的粒狀，此時大約含有一百萬個癌細胞，但這個時候並不容易查覺。如果再繼續分裂十次，約需十天，這時癌細胞數量會分裂增生到十億個，而其細胞團尺寸，大約如同豌豆般大小。因此，萬一不幸我們身上有一個細胞轉變爲癌細胞，大約只要一個月的功夫，這癌細胞團就會長大到讓人心裡開始發毛，而且有一股衝動，覺得非去看醫生問個究竟不可。

前面我們提到，我們身體的大部分已成熟分化的細胞是不再生長分裂的，不再分裂的原因是，它們已經被指定來執行某些特定的功能了，只做被指定該做的事即可。

在細胞內用來阻止生長分裂的物質，是由一種稱爲P53的蛋白質在控制。只要細胞內的P53保持活性狀態，細胞就不再分裂生長。我們可以把P53想像成槍枝上的保險插梢，插梢鎖住是無法擊發的，萬一插梢拿掉，這支槍就立刻變成致命的武器。因此，癌病毒攻擊到一個不再分裂的細胞是沒有什麼作用的，這時癌病毒就算有通天本領，也就像陷入泥沼一樣，英雄無用武之地。除非P53被摧毀，也就是說保險插梢被拿掉。

基因疫苗/癌症疫苗

一九九七年十二月《科學》（Science）期刊的新聞新知評論，曾討論DNA疫苗研究領域中令人鼓舞的發現，以及爲人類或畜牧業帶來革命性應用價值的可能性。雖然目前尚未有產品上市，但人們對其應用潛力充滿期待與盼望。

我們對疫苗並不陌生，打從呱呱落地開始，就必須按預定時程接受各式各樣的疫苗接種。駐留在你我手臂上的疤記，就是疫苗注射留下的，而這些主要係施打傳統疫苗所造成。

「傳統疫苗」一般是以經過減毒處理或殺死的病原菌、病毒，或具毒性蛋白質成分來做抗原（外來異物），注入人體或動物體內，刺激體內的免疫系統，使其產生具特異性的抗體蛋白質或具呑噬力的免疫細胞，將侵入體內的外來異物抗原消滅並予以清除。

然而「基因疫苗」則不一樣，其原理是把帶有可以製造抗原蛋白質的基因，利用顯微注射或基因槍方式打入肌肉細胞內，使這些進入體內的DNA，能利用動物本身的蛋白質製造系統產生抗原蛋白質，這些抗原繼而刺激動物體或人體，產生對應此一抗原的免疫力，稱爲「基因疫苗」免疫法。

科學家正在發展把基因疫苗應用在預防愛滋病、登革熱、感冒等傳染病上，目前這些雖然還僅止於初期研究發展階段，但不免讓人產生較爲樂觀的期望，因初步成果顯示基因疫苗成效高，免疫力強，而且能廣泛地預防類似病原的感染。

器官複製與器官再生

器官複製

利用自已的細胞複製一副全新的器官，來移植替換因疾病或意外事件所造成的已瀕臨損壞的器官，應是一件較沒有爭議而且正面的做法。

最近已有報導顯示，英國巴斯大學科學家發展出無頭青蛙胚胎的基因改造技術，僅留下有需要的特定部位，加上心臟及血液循系統，創造出無頭青蛙。此一技術如繼續發展下去，不難想像終有一天，科學家可以利用人工子宮中的胎盤，培育出心臟、腎臟、肝臟等人體器官。由於複製出的器官基因組和細胞所有主完全相同，因此應不會有移植時白血球的排斥問題。器官複製事實上可以想成比較正面的「選擇性的複製」，而其前提是必須知道細胞如何掌理分化程序，如此我們才能正確地開啓基因開關，並關掉不需要動作的部分，讓細胞照我們設定的途徑，製造出我們需要的器官。

器官再生

「器官再生」與「器官複製」是不一樣的，器官複製是在個體外複製，製成後再移植回來，需要動繁雜的外科手術，成本及風險都比較高。「器官再生」係在自體內發生，如同某些低等動物如蠑螈，斷了四肢或尾部還可以再生回來。但高等動物卻沒有這個能力，人體大多數的細胞由於高度分化的結果，只能執行某一特定功能，因此不再具有分裂增生的能力。雖然這些不同細胞都含有全套相同的基因組，但除了須扮演的特定功能部分開啓外，其餘都是關閉狀態。

一個人如果因爲意外喪失手足、眼睛，「再生」將能彌補這個遺憾。如果我們能夠全盤瞭解細胞分化的程序，並有辦法去控制，如果失去一個眼球，是不是可以啓動眼睛週圍的細胞開始分化、生長，重新獲得一個與原來完全一模一樣且功能齊全的新眼球呢？這都是未來生命科學家可以著力的地方。

第十二章

問題與終極挑戰

人類科技發展的速度已經超過我們的想像，我們都應該更認真的對待這些即將對「生命的定義」和「生活的方式」產生衝擊的問題……

問題與終極挑戰

生命複製可能帶來龐大的商機，對人類醫學科學的發展，如前所述，都有很重要的正面意義。然而，生命複製是不是也有其負面的影響，或是可能帶來的問題呢？我們就以這個議題作爲本書的結束。

人類愈來愈瞭解生命遺傳資訊的本質、功能與其調控方式，並且已如火如荼地介入改造生命的動作。當桃莉羊透過複製的方式誕生的同時，我們都知道，生命的產生方式開始有了不同的可能性。

人類只不過是這個星球上來自共同祖先的幾百萬種生物之一。每一種生物必然扮演它特定的角色與功能，構成一個複雜多彩，共存共榮且互相競爭的生態體系。

然而人類用以介入改造生命的基因工程技術，正如一把銳利的雙刃寶劍，稍有不慎，很容易會傷害到人類自己的尊嚴，甚或破壞自然界的生態系統。我們每一個人都有權利，也有義務了解「生命複製」的議題，同時提出我們自己的看法。以下我們提出一些生命複製可能帶來的可慮的問題，也許我們可以一笑置之，因爲看來都不像立刻會發生的樣子，但人類科技發展的速度已經超過我們的想像，我們都應該更認眞的對待這些即將對「生命的定義」和「生活的方式」產生衝擊的問題。

喪失隱私權

隨著「人類基因解讀計畫」的進行，人類正愈來愈清楚哪些基因扮演什麼角色，哪些基因與疾病甚至和複雜的生理行爲有關。人類逐步掌握愈來愈多生命的祕密。

要獲得一個人的全套基因組，事實上非常容易，只要從一滴甚或更少的血液，甚至一根毛髮都可以派上用場。《侏羅紀公園》從琥珀裡的蚊子血複製出恐龍，絕對是有其理論基礎的。換句話說，如果一個有心人想要全盤或部分了解你個人版權的基因組內容時，簡直易如反掌。

這樣說來，原本屬於我們個人生命尊嚴的資訊及隱私權很容易就洩底了。讓我們想想看，誰會有興趣去探詢那些東西？也許是保險公司、刑事法醫、僱主、你的競爭對手……。保險公司也許有興趣針對它要保的對象，先檢查基因組內有沒有一些跟健康疾病有關的基因，來降低承保的風險；我們經常在報上看到一有刑案發生就會使用到DNA檢驗比對，刑事法醫自然會需要知道；你的僱主因爲想要瞭解你的健康狀況與複雜的個人行爲，包括是否細心、賣力、忠誠度等，當然會對你的基因資料感興趣。

總之，如果不去討論如何管制的話，我們都將生活在一個毫無隱私權保障的社會。我們會因爲基因資料內容的曝光，變成一個透明人。

生命「唯物化」

基因組的解讀工程將會在不到十年內就能完成，而改造生命的技術也愈來愈精進，當科技進展到完全可以控制及改造生命時，有能力施行的人簡直無異於是上帝的「分身」。

只有一個上帝存在的現世狀況，已經紛擾不休了。如果更多的上帝「分身」也想搶戲的話，我們的世界會變成什麼樣子？

我們曾經毫不懷疑生命的獨特性，我們都在命定的身體裡活出自己的樣子。因爲「自然」及「機會」，生命才會如此燦爛，如此多樣化。

我們總是期望活得更好，所以有人會去算命、改運、消災祈福，甚至算好良辰吉日，剖腹讓我們的孩子出世等等。但讓我們想像一下，當人類可以控制及改造生命時，這個「生命」代表的是什麼意義？它跟我們去訂製一個商品又有多大差別呢？

我們可以按自己的心意訂製孩子的長相、性別和性格，我們可以修改自己的身體狀況，所有人都可以健康而美麗。「生命」物質化到「商品」的層次，當「按神的旨意」出生的「自然人」轉變爲按「我的旨意」改造出來的「人造人」，我們如何再爲「生命」定義？

過度狂妄的優生政策

一九三〇年代希特勒掌權時的德國，大肆屠殺猶太人，我們都知道那是一個慘絕人寰、泯滅人性的人類歷史的悲劇，而且恐怕也是執行的最徹底的優生政策。

希特勒及其幕僚團隊，承襲一些優生學家「除雜草，播良種」的優生運動，惡質政治與科學結合，進行極其殘暴而且天真的「國家及種族淨化」政策。首波被鎖定除去的對象是猶太人。原因是他們討厭猶太人，怕猶太人比他們聰明。

於是，超過百萬以上的猶太人被處以槍殺、毒氣、火焚、施打毒液等酷刑而命喪黃泉。在這場以「種族淨化」爲名的血腥屠殺中，連德國人本身也不能倖免。凡是生理或心理上有缺陷的德國人，起先是被迫絕育，繼之賜予「安樂死」。他們把理想的「偉大人種」定義爲「高個子，金髮碧眼」的特徵，所有不符合這類標準的人都不配住在德國，甚至「不值得活下去」。而最可笑的是，他們僅僅根據「鼻子的形狀」及「講話的腔調」，作爲判斷是否爲德國裔的特徵。

類似三〇年代那種泯滅人性的偏激優生政策，我們當然不希望再度發生，但人種之間的相互歧視，至今還存在著。美國雖然宣稱是民族的大熔爐，但即使從林肯解放黑奴以來，種族問題仍是美國最敏感而頭痛的問題。前一陣子的辛浦森殺妻案，就因爲牽涉到種族問題而變得異常受人矚目，判決結果甚至可能引起暴動。

區分特定「種族」「宗族」「家族」基因特性的技術，以目前的科技已不算是太困難的事。但難保這個世界上某個國家，某個政府、某個族群或組織，再度掀起狂妄的優生政策，尤其是當生命被「唯物化」以後，電影上虛構的有關於人類滅絕的故事，恐怕是可能的。

是否該建立「分子檢查制度」？

人類對「基因工程」所改造的產品的處理，還沒有累積足夠的經驗。對於非天然的「基因」及「基因產品」，如果毫不設防地可以隨意進入我們的食物，進入我們的身體，誰都不敢保證絕對不會發生任何問題。尤其基因的表現，大多並不是一個世代就可以看得出來，人的一個世代平均大約以三十年計算，如果三代以後才顯現，便需要九十年才有起碼的佐證。我們必須認眞的思考，有沒有必要設防，科學家亦須本著良知良能，協助建立評估的方法。

不可預期的後遺症

曾有一些基因改造的產品，當初准許流入市面時，被樂觀的以為絕對沒有任何問題，但後來卻引起許多爭議。

例如，最先被基因改造的植物，是抗殺草劑的小麥及一些糧食作物，它們可以在噴灑殺草劑的土壤中免於跟雜草競爭肥力，農夫也可以省下除草的辛勞與耗費。但殺草劑畢竟是化學葯劑，它會殘留在作物內、土壤內，甚至進到水源，引起天擇演化等負面的效果。這和濫用抗生素引起抗藥性的道理是一樣。日本也曾有一家公司（Showa Denko）以基因工程細菌，生產色胺酸，色胺酸是用來治療失眠症的葯物，但後來卻發現某批產品，會導致嚴重的腦部疾病。美國也曾利用基因工程牛生長激素（BSH），促進乳牛分泌更多乳汁，經過處理的乳牛雖然可以分泌更大量的乳汁，但其乳房也較容易受到病菌感染，因此必須經常施打抗生素治療。於是，抗生素就殘留在牛奶中，當人們飲用這種含過量抗生素的牛奶後，身體也累積大量抗生素，無意間成爲抗葯細菌絕佳的生存與繁衍場所。當他需要以抗生素來治療疾病時，醫生簡直就束手無策。

這些不可預期的後遺症也許是由於考慮欠周，或是評估試驗還不夠周延的緣故。但生命是獨一無二的，每個生命個體都只有一次機會。人不是像小白鼠一樣的實驗動物，誰都不能保證基因改造技術應用在人類身上不會出現問題，萬一發生差錯怎麼辨？難道把出錯的小生命像失敗的實驗品一樣，毀屍滅跡？這不但是法律道德的問題，同時更是良心的問題。

滅種的潛在危險

這個世界之所以會如此複雜多彩，就是因爲「異質性」。由於每個生命，每個物種的獨特性，才顯示它的多樣化與可愛。有人相貌醜，才有所謂的漂亮與帥氣；有人弱智，才顯得有人聰敏；有人羸弱，才能襯托出強壯；有人高傲，才有謙虛和藹的可貴等等。倘若因爲生命可以複製，或基因改造的成功，造成大多數同質性高的群體，美貌和聰敏將不再有獨特的價值。

更重要的是，目前現存的所有物種之所以能活存下來，主要是由於「基因的多元性」。「環境」是影響生物發展極爲關鍵的重要條件，而基因相同最可怕的地方就是，當環境突然改變或發生無可抵禦的流行疾病時，同質性基因立刻變成物種滅絕的主因。恐龍的滅種就是最好的證明，同質性過高絕非生物之福。

終極關懷：心智的複製

複製生命最難解讀的部分，應該是有關人類學習、記憶、思考、經驗、感性、理性等心智方面的活動。這些東西如果能夠複製的話，才能算是完全的成功。

目前人類對腦部的瞭解，能掌握的還是屬於細胞層次上的形態、區位、組織等部分，但對於腦部細胞分子階層，依舊顯得相當幼稚。一個人大約成長到十歲左右，腦部的神經細胞已經不容易再增生，細胞數目大致固定。有證據顯示，腦神經與另一個腦神經細胞末端的突觸，卻可以因學習與環境的刺激，而使腦部神經網路更密集；就像目前的網際網路一樣，網站愈多，資訊的儲藏量與豐富度就愈大、也愈容易取得所需資訊。

問題是腦部的訊息（包括記憶、經驗）到底存在何處？以什麼形式儲存？資訊活動以什麼方式運作（如學習、思考、推理、感性、理性等）？這些都是解開腦部心智活動最基本的問題。

我常常與學生討論這些問題：如果我們對腦部的心智活動，能夠在分子階層有像遺傳基因那樣充分的瞭解時，那麼人類離「心智複製」應不再是如此遙遠。

然而一個成熟的腦神經細胞，它的細胞核內基因的活動幾乎是靜止的，可見如果要以類似研究身體其它組織、器官、細胞內，DNA所涉及的蛋白質轉錄及轉譯作用，來解開心智活動之謎，似乎將會白忙一場、徒勞無功。至於什麼分子有這般儲存量巨大、且快速回應涉及記憶與思考的心智活動呢？這無疑是一個相當耐人尋味的問題。難怪發現DNA螺旋構造、並解開遺傳指令複製模式的頂尖科學家克里克博士，最後選擇終其一生志業，專心於解開腦部活動模式的尖端研究。

雖然在成熟的腦神經細胞內，有關細胞複製基因的活動是沉寂的，但能量的活動卻是極爲活躍與熱絡，而且粒線體（細胞能量工廠），幾乎都位於神經突觸末梢附近。可見心智活動需要大量的能源來供應，而且這涉及心智行爲的生物分子，應該不是散布在細胞質內，因爲如果需要再經過細胞質內的分子傳遞，顯然會因爲需要擴散行爲，而使路徑徒然加長、速度變慢，無法快速回應心智活動所需求的高速。因此，極有可能是某類位於細胞膜上的蛋白質分子，扮演了極爲重要的角色。

我們已瞭解到蛋白質是由眾多胺基酸所組成，而在其胺基酸序列上，每個位置都有廿個機會（DNA只有四個機會，現行數位電腦只有二個機會）。以一個具二百個胺基酸長度的蛋白質而言，其資訊儲存量理論上是二百的廿次方，這簡直是超級天文數字！若推測這些具特殊序列、特定形狀、功能的蛋白質，應是扮演心智活動的「生物分子」，在假設上應可以站得住腳。問題是現今決定蛋白質構造與功能的技術，還處於嬰兒期，尚未有突破性的成果。

以往的科技，受限於需要取得大量且極爲精純的蛋白質分子，才有可能進行結構的探討，對於腦神經細胞內的那些微物質，要去瞭解心智活動前後其結構產生的變化訊息，簡直無法下手。因此我們有理由相信，當科技已經發展到只要用一個蛋白質分子、或少數幾個蛋白質分子，就能定出它的立體結構時，離解開心智活動的世紀之謎就不遠了。

人機界面是否可連通？

當我們在分子階層，掌握到涉及心智活動的分子，而且將其結構、功能與動作模式解構清楚以後，接下來的問題就有趣多了！那時人類事實上已經擁有一把「心智之鑰」，任何有關心智活動的記憶、思考、推理、感性與理性，都可以變成如同現今數位電腦的設計、存取及程式化；而且依其動作模式，可以很快設法克服與數位電腦之間的鴻溝，找出一種「界面」，在可控制的情況下，毫無阻礙的雙向接通。此種技術可視爲人類的終極挑戰，一點也不爲過。到時，人類知識、經驗與智慧累積，將以一種史無前例的方式大躍進，而且必定會衝擊到教育、社會、文化、產業、倫理各方面，到那時人類是否還是「人」？倒是一個值得深思的問題。

智慧丸、經驗丸、遊戲丸、幽默丸、創造力丸

當有這麼一天，人類社會因生命複製而起了根本上的「質」變，學習已不再需要在長期有系統的教育體制下進行，只要取得一個套裝智慧程式，透過人機界面，直接就可以進行快速輸出入動作；也不需親自動手操作機器，利用心智就可以啓動及駕馭機器；而各種經驗的累積，也不再需要親身去體驗，包括旅遊增長見聞、成功或失敗的經驗、成長所需的生活經驗、享受「權力」的經驗、當富豪的經驗、甚至談情說愛的經驗，都可透過套裝「經驗丸」來「虛擬實境」一番！甚至可以更進一步，設計一些「角色選擇」功能來發展建立自我經驗。

當然，涉及一些使人生活得較有意義的事，如創造力的發揮，幽默、和善的性格等等，均可藉助「人機連通」的方式輕易獲得。倘若未來發展到此種地步，你認爲將會是一個什麼世界？

國家圖書館出版品預行編目資料

你能懂——生命複製 ／ 吳宗正・何文榮著；黃伊可畫.--初版.-- 臺北市：大塊文化，1998 [民 87]

面； 公分. -- (tomorrow；3)

ISBN 957-8468-57-1 (平裝)

1 1 7 台北市羅斯福路六段142巷20弄2-3號

廣　告　回　信
台灣北區郵政管理局登記證
北台字第10227號

大塊文化出版股份有限公司　收

地址：＿＿＿市／縣＿＿＿鄉／鎮／市／區＿＿＿＿路／街＿＿＿段＿＿＿巷

＿＿＿弄＿＿＿號＿＿＿樓

姓名：

大塊 LOCUS 文化

編號：TM 03	書名：你能懂——生命複製

請沿虛線撕下後對折裝訂寄回，謝謝！

大塊文化 LOCUS

讀者回函卡

謝謝您購買這本書，爲了加強對您的服務，請您詳細填寫本卡各欄，寄回大塊出版 (免附回郵) 即可不定期收到本公司最新的出版資訊，並享受我們提供的各種優待。

姓名：____________________ **身分證字號**：____________________

住址：____

聯絡電話：(O)____________________ (H)____________________

出生日期：________年______月______日

學歷：1.□高中及高中以下 2.□專科與大學 3.□研究所以上

職業：1.□學生 2.□資訊業 3.□工 4.□商 5.□服務業 6.□軍警公教 7.□自由業及專業 8.□其他________

從何處得知本書：1.□逛書店 2.□報紙廣告 3.□雜誌廣告 4.□新聞報導 5.□親友介紹 6.□公車廣告 7.□廣播節目8.□書訊 9.□廣告信函 10.□其他____________

您購買過我們那些系列的書：

1.□Touch系列 2.□Mark系列 3.□Smile系列 4.□catch系列

閱讀嗜好：

1.□財經 2.□企管 3.□心理 4.□勵志 5.□社會人文 6.□自然科學 7.□傳記 8.□音樂藝術 9.□文學 10.□保健 11.□漫畫 12.□其他_____

對我們的建議：____

大塊文化出版公司

蔡志忠先生作品集

smile 系列

01	豺狼的微笑	Aquarius X 著 蔡志忠 繪圖	特別價 69元
03	成功致富又快樂	溫世仁 著 蔡志忠 繪圖	特別價 69元
07	前途	溫世仁 著 蔡志忠繪圖	120元
09	台灣經濟的苦難與成長	溫世仁 著 蔡志忠 繪圖	120元
16	非常壞	Aquarius X 著 蔡志忠 繪圖	120元
18	台灣經濟的苦難與成長 (英文版)	溫世仁 著 蔡志忠 繪圖	180元
21	天天都成功	洪啓嵩 著 蔡志忠繪圖	120元

tomorrow 系列

1/1	你能懂——東亞金融風暴	溫世仁 著 蔡志忠 繪圖	150元
2/1	未來思惟——2001年第 2次奇蹟	溫世仁 著 蔡志忠 繪圖	150元

Tomorrow

明日工作室 策劃

你能懂

2小時掌握一個知性主題

東亞金融風暴

You Got It!

溫世仁／著
蔡志忠／畫

在1997年的東亞金融風暴襲捲下，台灣有個大學畢業生，正準備出國留學，他白天在大學當助教，晚上兼家教，自己設定一個目標要在兩年內存滿兩萬美金（五十四萬台幣）。當他快要達成目標的時候，台幣貶值為三十四元台幣對一元美金，原來預定的兩萬美金，變成六十八萬台幣，他必須多存十四萬台幣才能達成他的目標，等於必須多工作半年的積蓄。對他來說，出國的美夢就只能延後一年才得以實現。青春有限，有多少一年可以浪費？當記者訪問他時，他一臉無奈的說，「從沒想過會有這樣的無妄之災。」東亞國家在過去半年的金融風暴，損失的財富可能已超過第二次世界大戰的財物損失。從前戰爭的目的，是為了占領別國土地，控制別國人民，繼而奪取

他們的財富。今天透過國際金融網路，敲打電腦的鍵盤，就可以輕易奪取別國人民的財富，不必興兵攻打，就可以達到戰爭的目的。

這樣的事件到底是怎樣發生的？將來會不會再發生？如何因應？這些問題都不只是專家的事，一般人也要有基本的認識，因為像金融風暴這樣的無形戰爭，隨時會奪走我們的財富。

這本「你能懂——東亞金融風暴」是為所有人而寫，書中沒有專家的術語，只有少數統計數字和圖表，完全是你看得懂的文字和實例，說明東亞金融風暴的成因、現象、影響及對策。

東亞金融風暴究竟是怎麼一回事？你口袋的錢，數量沒少，卻越來越沒價值，這又是怎麼一回事？這一切今天不懂還來得及，如果明天再不懂，那就太遲了！

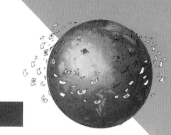

Tomorrow

明日工作室 策劃

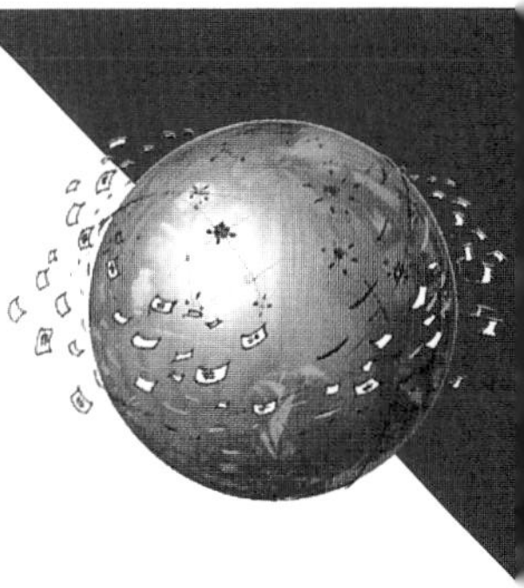

未來思惟

掌握現在，展望未來

2001年第2次奇蹟

You Got It!

溫世仁／著

蔡志忠／畫

一九七二年中，我在台北縣二重埔的一個小工廠當廠長，每天中午吃中飯的時候，走進擠著一百六十人、比學校教室還小的餐廳，坐下來的時候，我的背幾乎要靠在後面的同事背上。

通常，吃飯前我會站起來講幾句話，並重複強調當月份的目標，接著，是當天值日的領班向大家報告生產目標達成的狀況，然後全體喊著努力達成目標的口號，之後，副廠長喊出軍隊式的口令「開動！」後，大家才津津有味的吃著新台幣一塊半的便當，那是小魚、豆乾、蔬菜和一大盒白飯。吃完飯略作休息，大家又士氣高昂的湧向生產線，繼續拼命的工作。那是令人懷念的日子，在台灣各地，許許多多中小企業都是在這樣惡劣的環境下長大的，很少抱怨、沒有抗爭，大家都是為了更好的生活而努力，不知不覺中，他們戰勝了貧窮，創造了台灣的經濟奇蹟。

九〇年代的今天，在台灣長大的年輕人應該是幸福的，因為他們豐衣足食、不虞乏，偶爾看到描寫灣艱辛發展過程的片，他們也只覺得那「從前的故事」。我常想，如果我是今天的輕人，我也一定會很惑，為什麼這些號稱苦難中長大的大人們一邊彈著「產業出走景氣惡化」的悲觀調，一邊卻耽迷於金遊戲，而且熱衷於政鬧劇及作弊的球賽。

曾幾何時，台的社會變得像羅大歌曲中的描述，們能拿什麼給年輕做榜樣呢？畢竟，現今台灣許多社會亂象及悲觀的論中，我們還是看到個全新的希望，一創造台灣第二次經濟蹟的可能，這本書所闡述的就是這個「新契機」。

Tomorrow

日工作室 策劃
世仁・蔡志忠
監製

你能懂

2小時掌握一個知性主題

生命複製

You Got It!

吳宗正／著
何文榮／著

近一年來，有關「生命」方面的訊息，持續不斷地匯入我們的思維與生活中，先是發生在英國的狂牛症，其次是發生在國內的口蹄疫，再來是複製羊「桃莉」的誕生，這種「無性生殖」的成功，讓人立刻聯想到複製人的可行性，甚至已不是可能不可能的問題，而是已經面臨做不做的抉擇了。而其引發的後續有關的道德、倫理、與法律規範問題，更是如波濤洶湧般，激起大家的警覺。另外，冷凍人的問題，代理孕母的問題，加上重大刑案、華航空難所牽涉的DNA鑑定問題，這一連串事件接踵發生，媒體的推波助瀾，彷佛接下來就是生物科技的世紀，也就是說「基因的世紀」就在我們跟前。然而我們捫心自問，我們對基因、對生命，究竟瞭解多少？本書將以輕鬆愉快，簡單易懂的方式，逐步引導讀者認識「生命」，尤其是百分之九十五以上未受過生命科學洗禮的國人，更需補充這方面的知識。如此才能在即將來臨，且肯定會涉入我們未來生活，甚或如影隨形地影響我們一生的「基因世紀」，具備與生命科學家互通的共同語言，進一步參與對話及討論，並擁有足夠的知識來做正確的價值判斷。

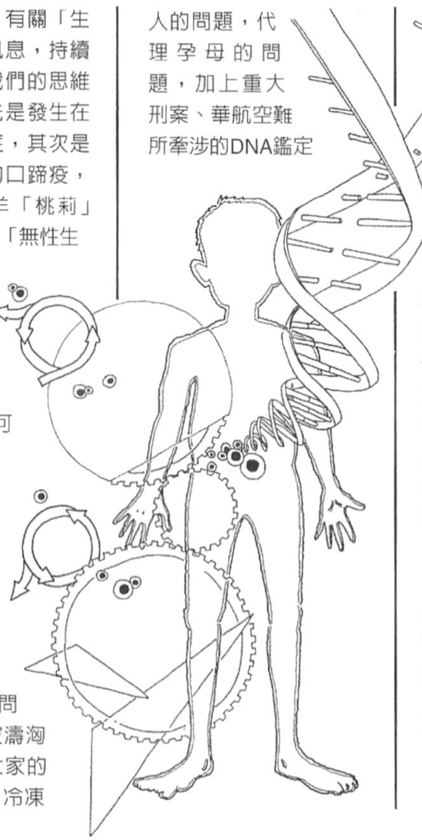

LOCUS

LOCUS

LOCUS

LOCUS